超手感 森林女孩

30款麻球的环保·创意·幸福手作包

麻 球 ◎著
廖家威 ◎摄影

重庆出版集团 重庆出版社

推荐序 1

幸福&温暖调成的美好生活

麻球是我专栏的作者之一，
每次处理她的稿子，看到她的作品，
总有种"她还真闲啊"的感觉，呵呵！
但她的手作品给人一种温暖的感觉，
可以在那里面体会到她对生活的用心及玩心！
最重要的是，还有我最欣赏的日式欧夏蕾感！
我相信背上她教做的环保包绝对让你走路都有风！

魏伶如
——自由时报家庭亲了版·主编

推荐序 2

点子满载的感动手作

该怎么制作一颗麻球呢？
30%柔软舒适的纯羊毛线，加上30%的亲肤纯棉，
然后10%的温柔、10%的爱心、10%的坚持，还有10%的爆笑创意！
登登登登……一颗麻球大功告成！
这是我眼中的麻球，天然舒适无添加，偶尔还有令人喷饭的绝妙点子，
让我们在这个忙碌的时代中也能品味手作带来的暖暖感动。

Sandy
——MY LOHAS 生活志·编辑

推荐序 3

创意人生的生活美学

在 Happy Make 中，遇见了麻球与小球球，从挑布到配色中就开始互动着。
在沟通意见与讨论构想后，创作出简约朴实、极具功能及创意的作品。
感谢麻球能把作品规划出书，与大家分享，
让手作的朋友们能在学习设计中，日渐精进。
另一种生活美学，正因大家不断的创作而更加丰富，
乐在学习，自信的人生由此开始……加油吧！正努力的朋友们……

暖暖
——鸟居纺布汇

麻球的〈手作〉生活碎碎念

1. 是什么时候开始爱上手作的布包呢？

嗯，我之前是喜欢皮革包的，大都是剪裁简单的设计，颜色爱选择摩卡色系，使用上的缺点是重量较重。而爱上布包包是这两年，我觉得布包包给我的感觉就像温暖的家吧！会有这样的感觉……是在有一年的夏末，我在自己家的阳台整理清洗干净要晾晒的布包跟抱枕，看着阳光穿透玻璃窗照射在布包上的光线竟是如此温暖呢！这也是我爱上布包的原因。

汪，麻球啊，我也要1个包包啦。

我的皮革包 　　　　我的小钱包

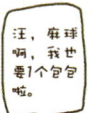

2. 你的生活都要〈袋〉着出门的。

因为制作了这本书……只要一出门小散步我就会拿着相机拍下每个人〈袋〉着出门的包包是怎样的款式、颜色、质料、手拿的姿态、脸上的表情……，看看也感受到袋与人的生活是一种不可缺少的陪伴呢！

女生的格子包 　男生的帆布背包 　小女生的散步包 　小狗狗的包 　妈妈的皮革包 　男生的散步包

作者序

3. 手作的兴趣＋创意＋生活态度

在这本书里一口气 一个人设计了30款包，每一款都有它的生活故事喔！我比较习惯把物品当自己的家人来看待，每日提着（袋）一起出门就像家人陪着我呢！可以一起悠闲地散步，一起享受美味时光，一起（袋）回可以与家一起生活回忆的物品，或一个人独自去旅行……拥抱着它就有安心与温暖的感受呢，尤其是靠自己的双手去缝制出来的包就更不一样喔。

一起吧　散步去　一起（袋）回的美味

4. 生活会因此保持美好的原因

那是因为自己的心里一直住着一位乐观，还有些小淘气且纯真的麻球，我想只要一直保持如此般的心就会一直拥抱美好的喔！创作也是，花一些时间来玩手作也是，只需简单地进行着属于你自己的频率的生活……一切的一切都天天美好了～

and do everything,
everything in the name of the living.

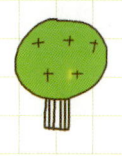

看看风景寻找创意　散步是美好生活的开始　改造充满乐趣

5

目 录　Contents

Part 1
每一天，都是包包的手作日
Handmade season

- 10　工具、素材大搜集
- 12　布料小常识
- 13　特色布料大集合
- 14　基本缝法教学
- 17　手缝必学！三招缝包包的牢固针法
- 18　一起来做布包吧！基本做法STEP BY STEP

Part 2
外出・散步的包
Enjoy your life

- 25　小鹿草原
- 27　大树野餐包
- 28　格子鸟暖暖包
- 30　走吧，喝浓汤
- 33　轻柔秋日袋
- 35　夏日海洋包
- 36　春日散步包
- 37　圣诞节的包

Part 3
居家・实用的包
My sweet home

- 40　我们家的钥匙包
- 43　环保蒜袋
- 45　马铃薯储物袋
- 46　美味礼物袋
- 47　棉被袋
- 48　西洋梨抱枕袋
- 51　悠闲下午茶袋

Part 4

收纳·生活的包
My life style

- 55 雪花口金包
- 56 点点账单收纳袋
- 59 男孩·旅行布包夹
- 60 大树钥匙串包
- 62 餐·袋子
- 65 生活·旅行夹链袋
- 67 杯碗收纳袋

Part 5

改作·创意的包
Love fun handmade

- 70 小化妆包
- 71 可可点笔袋
- 72 小苹果置物袋
- 74 可爱兔儿手机袋
- 77 格子蓝野餐袋
- 79 松鼠包
- 80 小熊画袋
- 83 卡哇依手环小包

Part 6

How to Make

- 86 外出·散步的包
- 106 居家·实用的包
- 121 收纳·生活的包
- 136 改作·创意的包
- 155 纸型的小标识须知

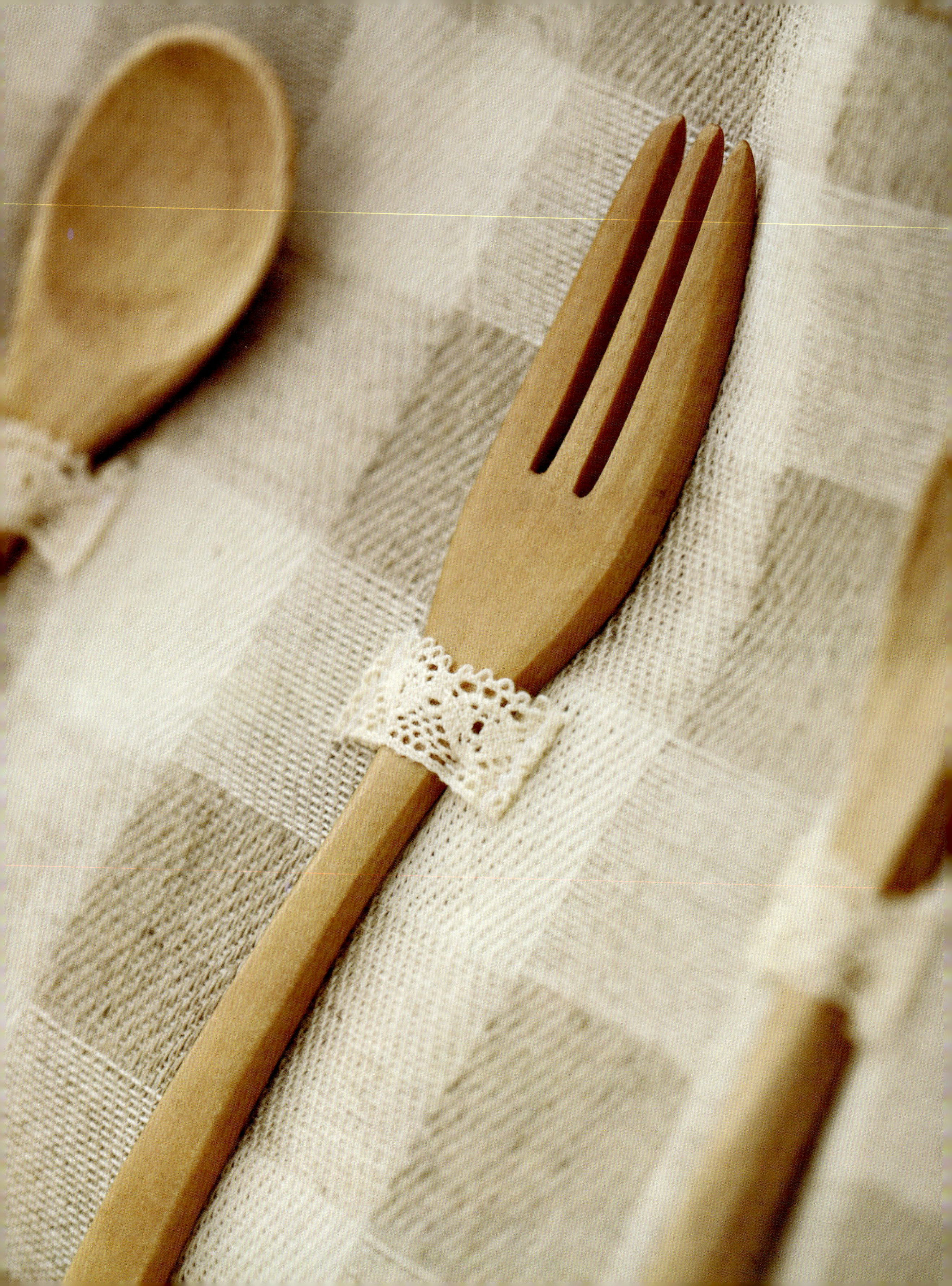

Part 1

每一天，都是包包的手作日

Handmade Season

本单元有详细的工具、素材解说及包包独创针法和制作技巧，就算没有缝纫机也能开心做布包。

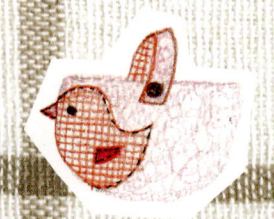

森林女孩 创意布包包

工具、素材大搜集

包包是女孩儿们的好朋友，可以随着心情的变化，带着不同的包包出门散心，这也是包包最吸引人的地方。在制作包包前，先了解各种工具及布料的运用，你也可以和麻球一样做出温暖感动的包包喔！

工具

1. 大剪刀：裁布。
2. 小剪刀：制作细部或修剪小物件。
3. 发夹：可用来穿引松紧带或麻绳，无须再另购工具喔！
4. 纺织颜料：绘布专用的颜料，构图完成后需用熨斗加热熨烫使颜色固定不褪色。
5. 针：手缝刺绣。
6. 细水彩笔：绘图用。
7. 彩色铅笔：用于深色布，方便绘图做记号，加以裁剪；若是浅色布用一般铅笔即可。
8. 水消笔：笔头有两端，紫色一端可做记号，白色一端可擦拭，用于布上做记号。
9. 丝针、珠针：可依个人习惯选择比较好握的工具，用于暂时固定布片来假缝或裁布，能增加制作时的速度。
10. 卷尺：方便收纳，是量布及制图的好帮手。
11. 羊毛毡针：针端有特殊节点可将羊毛毡化塑成形。
12. 粗手缝针：穿上粗线，可用来缝制较硬皮革或厚布料。

缝纫机

缝纫机是手作族必备的专用器材，若经济上许可的话，建议购买千元以上的缝纫机，在品质与使用上也会比较有保障喔！

绳、线

1. 尼龙绳：若不想让有颜色的线外露时，可选择这款透明线，在线的材料专卖店可买到。车缝时可以使用，也能以钓鱼线来取代喔！
2. 粗、细麻绳：运用很广泛，用于手缝、编织或与纸类杂货一起配置设计，都很有手工感喔，可在手工艺材料店、文具店买到。
3. 手缝线：车缝刺绣用，可在线的专卖材料店购买。

素材

1. **皮质提把**：在手工艺材料店可买到，或者利用自己的二手包包的提把、皮带来使用也很有复古感喔！
2. **口金**：有多种尺寸的口金可选择，可到手工艺材料店挑选购买。
3. **塑料瓶**：可用塑料瓶任意剪一个形状，就是独一无二的造型喔！不仅环保，也无须多花费用去购买材料。
4. **L形文件夹**：如果你不擅长画画，可以剪下L形文件夹上的可爱图案，缝制在包包上就是现成的图案。
5. **夹链**：可利用一般保鲜食物的夹链袋。原本有脏污要丢弃的夹链袋，可将夹链袋口保留再利用，就是一个包包的环保新素材喔！
6. **毛球**：可爱的毛球可以用在布包上作为装饰，可自己制作或是到手工艺材料店购买。
7. **羊毛**：可在专卖羊毛毡的材料店买到，需搭配工作垫、羊毛针使用，能将可爱的玩偶或毛球针毡在布品上。
8. **棉花**：用于制作玩偶或是需要填充杂货的布品上，使图案看起来更有立体感及存在感。
9. **蕾丝、缎带**：装饰用，有各种不同的造型，可增添布包的质感，可在手工艺材料店购得。
10. **碎布**：多余的小碎布不要丢掉，加以应用后，也能成为很好的素材。
11. **拉链**：分为会移动的拉链头（或叫拉片）以及让拉链停住的止铁片。
12. **暗扣**：分上扣及下扣，尺寸有多种选择，可直接缝在包包上作为固定。
13. **塑料包扣**：分上扣及下扣，可选择喜欢的布缝在包扣上（包扣做法请参考P.16）。
14. **D形环**：缝于包包的两侧，用来固定皮革提把。
15. **造型扣**：种类、尺寸及材质有很多选择，可在扣子专卖店或手工艺材料店购得。
16. **发带**：利用弹性松紧带的特性，可当做包包的扣环袋（请参考P.103）。可爱的造型搭配在包包上很别致，可到美妆用品店购买。
17. **装饰汤匙**：将木汤匙与布包一起配置的效果很有生活感喔，可在生活杂货店买到。

布料小常识

布包最大的特色就是方便清洗和保存，而且会因为布料的不同，传达出不同的风格与质感。如果袋子的布料为毛料，天冷时可以直接抱着布包取暖；像帆布、麻布、薄棉巾，四季都很适合制作，接下来带大家了解布的基本小常识，大家可以选择适合的布料，来创作出温暖且具功能性的布包包。

布料延展性大不同

每种布料有不同的纹路和延展性，完成后的作品各有不同的感觉。购买时可以看布的密度，如果织纹比较粗就比较能看出布料是横纹或直纹，可以用手轻轻拉扯布来分辨纹路，除了在视觉上会有不同效果，在制作的过程中，创意都是不受限制的喔！

1.直纹布
左右拉时没有弹性，有弹性棉布不在此限，视觉上有拉长的效果。

2.横纹布
左右拉时有一点点弹性，有弹性棉布不在此限，视觉上有加宽的效果。

3.斜纹布
左右扭转弹性极佳，大多利用在包边、制作有弧形的包包或是服饰上，能让穿着伸展时更舒适。

如何分辨"表布"与"里布"？

布料都是由纵横编织而成的，不管是用何种纹路来制作，都有它的特色与功用。不过偶尔使用布的反面来做包包，也有另一种风味，大家可以试试看喔！

1.表布
由布端的小洞来辨别，凹下去的为布的正面，触感较光滑。

2.里布
里布由布端的小洞来辨别，凸出的为布的反面，线节较多。

麻球碎碎念

若购买的布端没有明显的孔洞能分辨出正反面，可先询问店家。麻球会随身带小贴纸，确定好布的正反面后，就贴上小贴纸标示好，回家开始制作时就不会思考到底哪面是正面哪面是反面了。

特色布料大集合

想要有柔软的布包，可选择薄棉布当袋子的表布，里布则选择硬质料的帆布。若喜欢硬挺的布包则相反配置，如此一厚一薄的布料搭配，还可以省下再选购内衬的费用喔！布料较挺的帆布也可不搭内里，直接以包边的方式来制作。大家可以依布的特性质感来做选择。

4.PVC透明布：防水材质，在居家五金材料店可买到，生活中也很容易取得。

5.毛料布：制作布杂货、玩偶、小配件装饰等都很适合，材质较厚且温暖。

6.不织布：有分厚、薄的材质，颜色也很多样化，可依自己的喜好选择。

7.有弹性的棉布：弹性及吸水力佳，材质较薄，可当做里布或是做成小吊饰。

8.绒布：布料有厚度，材质很温暖，当做里布或表布都可以，很适合制作包包。

9.帆布：材质较硬挺，做成布包后作品立体不容易变形。

10.牛仔布：布行可买到，也可以用家里二手或穿不下的牛仔裤，为包包增添不同风味。

1.网布：可利用超市贩售的蔬果网袋，制作成袋子用来储存蒜、姜、辣椒等，通风又实用喔。

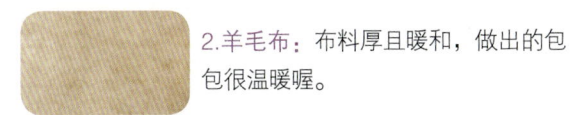

11.棉麻布：颜色自然，能制造出日式杂货的风格，用来做小配件或包包都会有舒服的感觉。

2.羊毛布：布料厚且暖和，做出的包包很温暖喔。

12.华夫格布：有一格一格的纹路很可爱，用针线绣上小图案很有手作感。

3.毛粒布：就像绵羊的毛一样，有一粒一粒的感觉，非常可爱。

13.无弹性棉布：布料较薄，没有弹性，用来做里袋或外袋都很适合。

森林女孩创意布包包

基本缝法教学

学会基本缝法后，不管是要制作包包或是生活手作就能非常得心应手，快来学学喔！

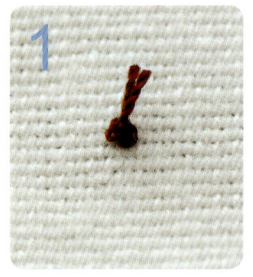

1 收针

用在缝线收尾的打结，缝在表布正面将结露出来也很有手工感喔！

Step 1 将线绕针一圈。

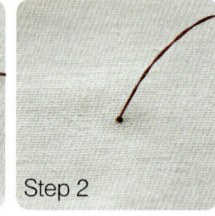

Step 2 将针抽出即打结完成，再把多余的线剪掉即可。

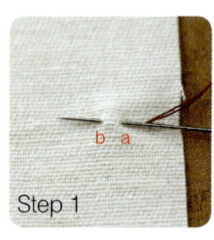

2 平针缝

可自定距离一上一下地缝制，可运用在绣图案、贴合、假缝、皱褶的缩放。

Step 1 从反面入针，从a点挑起约0.3cm的布，从b点出针即完成一针。

Step 2 重复Step1的动作，每针距离约0.3cm，一直缝到最后。

Step 3 在反面打结收针即完成。

3 藏针缝

ㄇ字形的缝法，在对应的位置缝合，线拉紧时两块布密合，用在缺口的接合以及接缝上可让缝线几乎看不到。

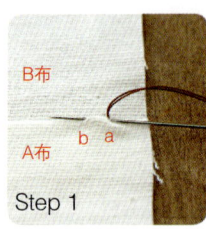

Step 1 由A布的反面入针，挑起约0.3cm的布，由a点缝到b点即完成第一针。

Step 2 A布的b点对应到B布的a点下针，再由B布的a点穿过b点即完成第二针。

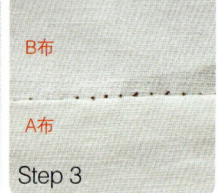

Step 3 一针在上一针在下，就能把线隐藏起来，稍微用力拉线，使A、B布密缝。

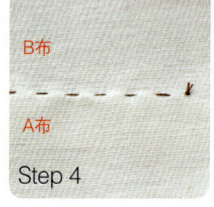

Step 4 在背面打结即完成。

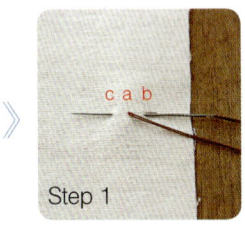

每一天，都是包包的手作日 Handmade season

4 回针缝

一直重复缝回上一个出针处，有连续的效果，缝完后看起来是没有断的缝线，能够很牢靠地将两块布结合，可取代车缝的直线，也可用于缝布偶的表情或绣图喔。

Step 1 由背面出针为a点，再由b点缝到c点，即完成第一针。

Step 2 往后退缝上一个出针处，从a点缝到b点，一直重复缝到最后。

Step 3 在反面打上结就好啰。

5 卷针缝

在两片布上，一直重复同一方向缝。如果布片虚线很多想要手缝布边时，也可使用此针法。

Step 1 从背面入针，旁边间隔约0.3cm处为a点，穿过即完第一针。

Step 2 一直重复步骤1，一直缝到最后。

Step 3 最后在背面打结即完成。

6 X字缝

可自定距离，在布上缝上"X"图形有可爱的装饰效果喔。

Step 1 先用水消笔画上X记号，从背面出针为a点，再由a点穿过b点。

Step 2 再由背面的c点穿出，缝到d点即完成X的缝法。

Step 3 翻到背面，将针穿过e点再打结，收针的地方看起来就会很整齐。

7 暗扣缝法

有上下扣的组合，可扣合袋口，无须另购工具，使用手缝针线就可完成。暗扣种类很多，可配合袋子布料来选择暗扣的尺寸。

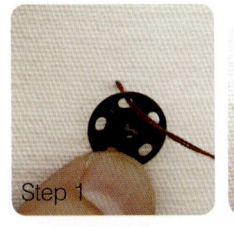

Step 1 由背面入针，穿上暗扣（凸的那一面）。

Step 2 在原本下针的边边下针，再绕一圈穿过孔洞，即完成一针。

Step 3 每个孔洞都重复缝5圈，即可固定。

Step 4 另一个暗扣也是同样的缝法固定（凹的那一面）。

15

森林女孩 创意布包包

8 扣子缝法
用于装饰效果，包包、衣物、外套等的缝合。

Step 1 由背面入针，穿上扣子。

Step 2 将针穿入另一个孔洞，重复缝上二次。

Step 3 在背面打结即完成。

9 包扣缝法
有上下扣的组合，将扣子缝上喜欢的布，就成了实用的包扣。

Step 1 裁剪适当大小的布料后，由正面入针，平针缝一圈。

Step 2 放入扣子（上扣）并拉紧线，扣子就被布包覆起来啰。

Step 3 拉紧线后打上结收针，放入下扣，稍微压一下，使上下扣能确实扣合。

Step 4 从背面入针后，穿上包扣。

Step 5 由a点穿过b点将包扣缝上，可重复二次固定。

Step 6 在背面打结就完成啰。

10 结粒绣
可运用在布偶的眼睛或是装饰布品的设计上。

Step 1 在背面入针后，将线绕针约6圈，如果想要绣粒比较大可以多绕几圈。

Step 2 将针稍微抽出，穿入原本的出针处，在背面打结即完成。

每一天，都是包包的手作日 Handmade season

手缝必学！三招缝包包的牢固针法

制作包包，不一定得要有缝纫机才行喔，跟着麻球老师学三大牢固针法，就算没有缝纫机也能轻松做包包喔！

第 1 招——单边对折缝 最简易 牢固度 ★★★

Step 1 离布边1cm缝份先以回针缝缝一直线。

Step 2 将缝份往单边对折，可以用熨斗烫出折线，较好缝合。

Step 3 最后再以平针缝加强固定一次。

适合中薄棉的布料，对于新手来说是很好上手的缝法。

第 2 招——双布边内折缝 最实用 牢固度 ★★★★★

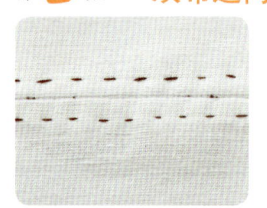

Step 1 在布边1cm缝份处，先以回针缝缝一直线。

Step 2 把布摊开，将两车缝份皆往内折。

Step 3 上下皆以平针缝加强缝合。

Step 4 最后打结即完成。

适用于各种布料，完成的缝线不论是正面或反面都很可爱，可以装饰美化包包喔。

第 3 招——包布边 最牢固 牢固度 ★★★★

Step 1 在布边1cm缝份处，先以回针缝缝一直线。

Step 2 剪一块6倍缝份宽的布片，往中间对折形成布条包在布边。

Step 3 用平针缝一起缝合固定。

Step 4 最后在背面打结就完成啰。

此缝法也可以用来美化袋口。如果是薄棉布可以搭配厚布条包边；若是厚布料的包包，可以用薄的布料来做布边。

一起来做布包吧！
基本做法 STEP BY STEP

很多人都觉得做包包很困难，其实一点都不难喔！只要选择自己喜爱的布，剪下两块布和两条提把，跟着麻球运用三大牢固针法加以缝制，就可以轻松做出属于自己的暖暖布包。

测量裁剪

1 量尺寸
选一个物品来作为依据，例如笔记本或是杂志，量出长与宽。如果想要大一点就再多增加一些长度，来决定包包尺寸。

2 画版型
决定好尺寸后，用铅笔及尺准确画出袋身和提把的版型，可选择牛皮纸或描图纸来画，材质不易破裂，可以重复使用也好保存。

3 剪纸型
确定包包的形状正确，每个部分的纸型和前片、后片、提把等都齐全后，用剪刀剪下纸型。

4 用丝针固定
用丝针把纸型固定在布的四个角，以免纸型滑动。

5 剪下
依照纸型剪下表布、里布及提把的布片，建议表布及里布一块一块剪，不要偷懒而将布重叠一起剪，以免布滑动而造成误差，包包就会不好车缝。

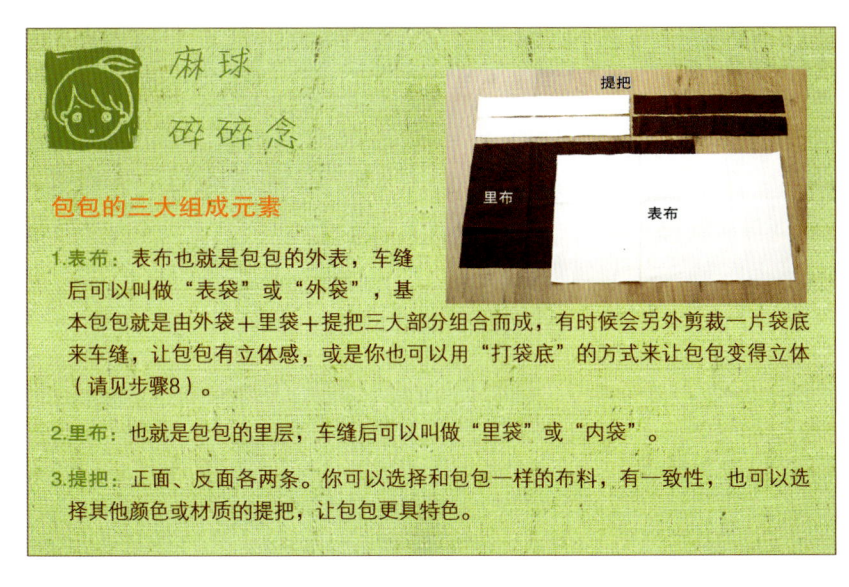

麻球碎碎念

包包的三大组成元素

1. **表布**：表布也就是包包的外表，车缝后可以叫做"表袋"或"外袋"，基本包包就是由外袋＋里袋＋提把三大部分组合而成，有时候会另外剪裁一片袋底来车缝，让包包有立体感，或是你也可以用"打袋底"的方式来让包包变得立体（请见步骤8）。

2. **里布**：也就是包包的里层，车缝后可以叫做"里袋"或"内袋"。

3. **提把**：正面、反面各两条。你可以选择和包包一样的布料，有一致性，也可以选择其他颜色或材质的提把，让包包更具特色。

每一天，都是包包的手作日 Handmade season

⊙ 车缝布边

6 车布边
剪好的布为了怕布边的线松脱，而造成后续制作包包不顺利，所以建议先把布边车缝过，也就是所谓的"拷边"，以免布边脱线不好操作。如果家里没有缝纫机，也可以使用"卷针缝"，可以有同样的效果喔！（请参考P.15）

⊙ 表袋、里袋、提把的缝法

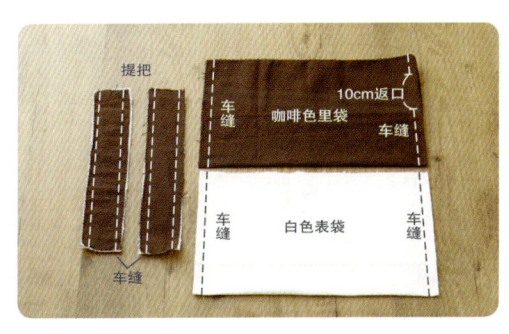

7 车缝
车缝表里袋及提把。

白色表袋：将表布正面相对整齐对折后（也就是反面朝上），车缝左右两侧以及袋底。

咖啡色里袋：将里布正面相对整齐对折后，车缝两侧，右侧中间记得留下10cm返口不要车缝喔。

提把：将两片的提把正面对正面，车缝两侧。

⊙ 立体袋型的做法

8 对折
先将表袋往中间对折，折出两个袋角。

9 画记号
用水消笔在两个袋角都画上记号。如果三角形画得越大，那么剪出来的袋子就会越宽。

10 车缝剪下
沿着记号车缝后，留下1cm的缝份，将多余的布剪掉。

▲这么一来，袋子就会变得立体了。

▲同样的方法，也用来制作里袋。

麻球碎碎念
这个方法又叫做"打袋底"，可以快速地做出立体袋型，制作方法很简单，新手不妨试看喔。

◉ 提把的做法

11 往内凹折
将提把往内凹折一小段。

12 用筷子推
将布往内推，可用筷子或细长物辅助。

13 将布顶出
让筷子一直固定着布，稍微拉紧将布顶出。

14 拉出
拉出布将提把翻到正面，稍微调整一下。

15 车缝固定
翻好提把后，再上下车缝一次加强固定。

◉ 固定表里袋、提把

16 将表袋放入里袋
将白色表袋翻到正面，对齐后放进咖啡色里袋（里袋不用翻面）。

17 配置提把
将提把配置在里袋和表袋的夹层，位置在中心点左右各4cm处。

▲将提把放在中间。

用丝针固定

车缝线

18 用丝针固定
用丝针固定提把的位置，然后在离袋口1cm缝份处，一起车缝一圈。

每一天，都是包包的手作日 Handmade season

19 由返口拉出
由返口慢慢地拉出表布袋身，拉出时要轻轻地拉，不要太过心急，才能把整个包包完全拉出。

▲ 拉好的样子。

▲ 将里袋推入。

20 缝合返口
将包包翻到反面，然后用藏针缝把返口密缝。

21 加强车缝
离袋口0.2cm缝份处再车缝一圈，以增加提把和包包之间的牢固度。

车缝

22 装饰
最后将自己喜欢的装饰品别在包包上，不仅可爱，而且还可以双面使用喔！

休息一下吧！

麻球 碎碎念

让布片变挺的小秘密

如果剪出来的布片太薄软的话，你可以运用布衬，在车缝前烫在布片的背面来增加布片的挺度。做好的包包不仅立体，也能提升做包包的完成度喔！

1
▲ 布片原本比较薄软，没有挺度。

2
▲ 选择背面有胶的布衬，熨烫时就能产生黏性与布片结合。

3
▲ 将布衬的胶面对齐布片的背面后，用熨斗整烫。

4
▲ 完成！加了布衬的布片挺度就增加啰。

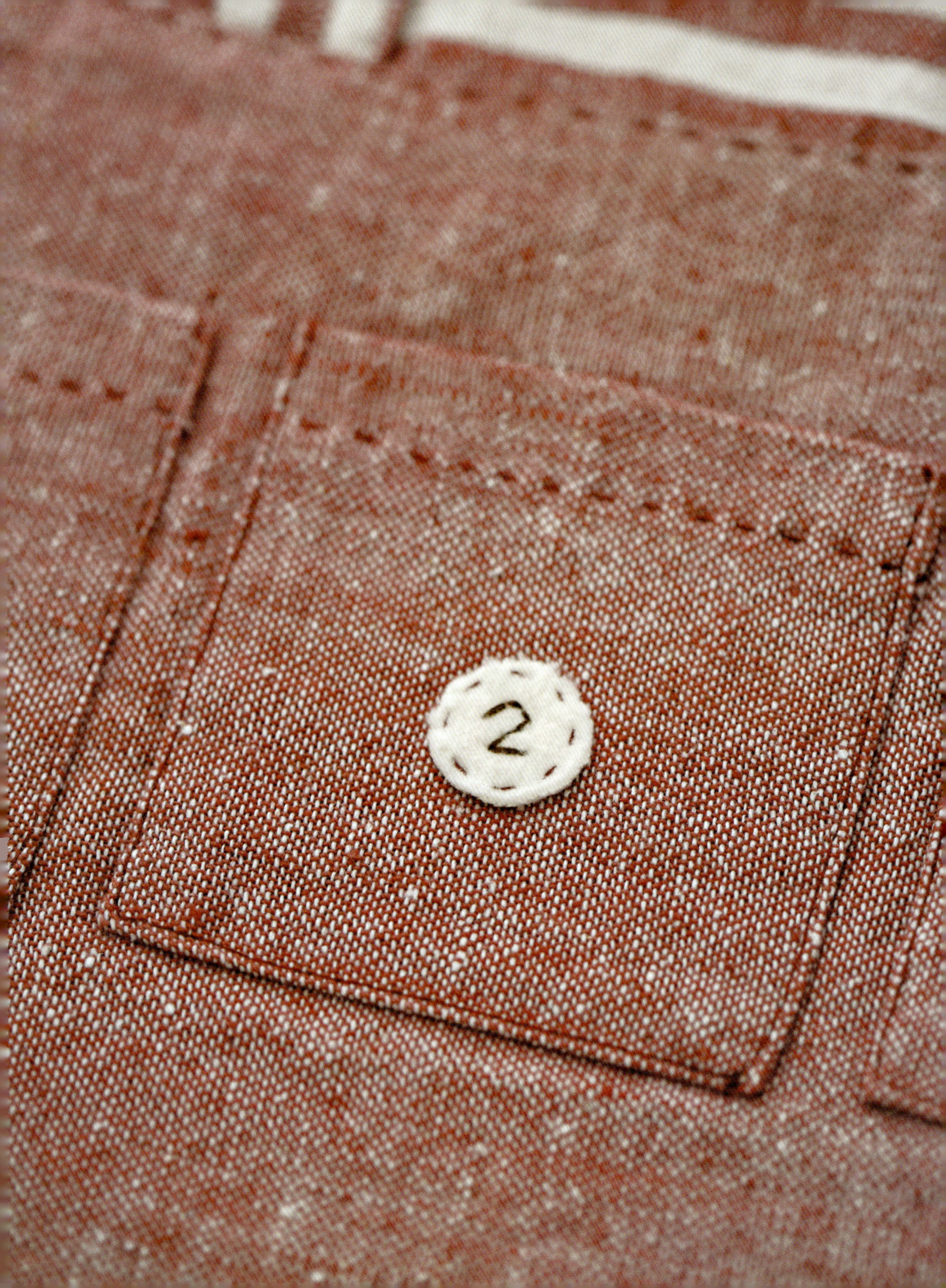
2

Part 2

外出・散步的包

Enjoy your life

今天我们提着大树包一起去户外野餐吧,

最喜欢和我的手作包一起散步,

享受阳光洒下的温暖,

分享美味的幸福。

微风……
轻轻吹～

外出・散步的包 Enjoy your life

Deer grasslands
小鹿草原包 做法・P86

选一块自己很喜欢的布，
为自己缝制一件适合去草原奔跑的袋吧！
不管是哪个季节都想去草原感受阳光洒下的温暖，
夏天可以尽情地热情奔跑，
春天、秋天就放慢脚步惬意地散步，
呵呵……冬天就可以冒险地跟风雨追逐呢！

可运用布端有印刷字样的布，缝在侧边做布条也很有特色喔。

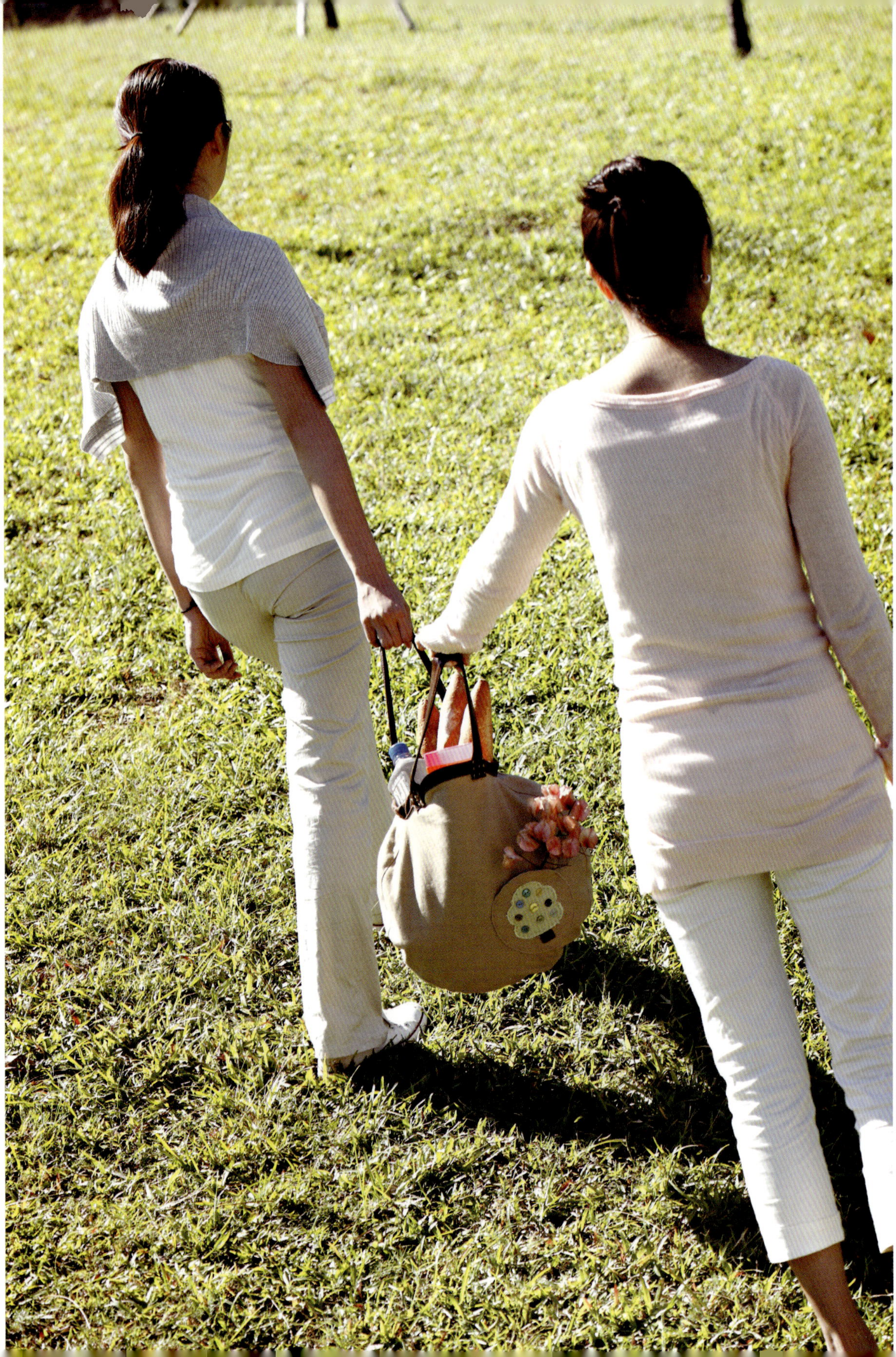

外出・散步的包 Enjoy your life

Tree & fun picnic
大树野餐包 做法·P89

炎炎夏日，
穿着简约的白色棉T配上卡其色的裙子，
随意套上夹脚拖鞋，
背上热带雨林色彩的包包，
自然而舒适地出门去野餐！

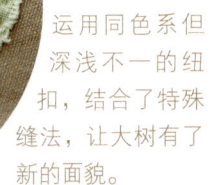

运用同色系但深浅不一的纽扣，结合了特殊缝法，让大树有了新的面貌。

27

Pink checker bird
格子鸟暖暖包 做法·P92

外出·散步的包 Enjoy your life

▶ 格子鸟的身体是口袋，能贴心地装进宝贝的小物。

若小鸟身上的羽毛是格子图案的该有多好……
小女孩这么说着。
那，就来变个小魔法吧！
让温暖的毛粒布跟粉色格子一起缝制可爱的童话包包，
跟孩子一起对话就能找到趣味的创意联想喔！

Let's pottage

走吧，喝浓汤 做法·P94

将袋子设计成有浓汤食谱的袋子，
下次跟朋友一起喝温暖的汤就带着它出门吧！
放在居家里可以收纳你平日喜欢做料理的食谱。

外出・散步的包 Enjoy your life

Soup!

在里袋绣上小小的字样就可以很可爱，变成了双面使用的布包。

31

森林女孩创意布包包

秋天悄悄地来了……
每一次遇见秋天，她总是温柔安静，
那树上飘落下来的落叶就像是音符一般轻舞，
一片一片的～
总是可以在地上捡拾到不同形状的叶子呢！

运用花布本身的图案结合不织布的缝制，让袋子有立体手作感。

Softly fall day
轻柔秋日袋 做法·P96

出发了

外出・散步的包 Enjoy your life

Summer ocean
夏日海洋包 做法・P99

夏季来了就该有一个属于去海洋奔跑的包，
自己也制作一个吧，带着去海洋寻找小宝藏！

Summer

35

森林女孩创意布包包

Spring walking
春日散步包 做法·P102

我总是在春天里，期待着要看满山的花朵呢……
内心里有一份少女般纯真的心去等待花季的来临，
在花园里可以一次拥抱很多花的香味，
淡淡的和一点点微甜的优雅，
如果可以……就这么轻松且优雅地赏花如何呢？

外出・散步的包 Enjoy your life

利用毛织围巾的布料缝制一个适合在圣诞节使用的布包，挂放在居家的墙壁或圣诞树上，放上小礼物送给亲爱的家人。

Christmas bag
圣诞节的包 做法·P104

1、2、3、4、5、6………12，
12月是每一年我最喜欢的季节，
因为25日的圣诞节，一起交换礼物，交换这一年的秘密……
我把所有的秘密都放在包包里了！
一起打开吧！

garlic

Part 3

居家·实用的包
My sweet home

帮温暖的家做一个包包，
让家人及宝贝获得便利的生活，
随处都能看到手作的幸福，
乐活有趣地度过每一天！

Sweet home key bag
我们家的钥匙包
做法·P106

居家・实用的包 My sweet home

1 2 3 4 5 6

你是不是也有找不到钥匙的体验呢？
如果帮钥匙打造一个家，
不但能整齐收纳也不用再担心找不到钥匙了。
贴心的双面设计，
可以当做外出袋提着去散步喔！

我的钥匙呢

▶ 内袋共有6个小袋子，可以为家人编一个号码来放喔，可以挂在居家的大门旁。

41

呼呼

Garlic drawstring bag
环保蒜袋 做法·P108

原本用完即丢的蔬果网袋，
设计成专门储放蒜头、姜、辣椒的束口袋，
挂晒着不但不易发霉，还让大蒜变得好可爱，
替厨房空间增添了新的居家布置，
让做菜更有乐趣。

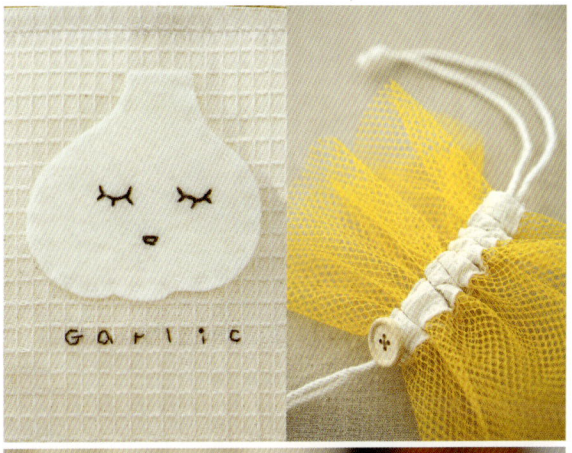

居家·实用的包 My sweet home

43

森林女孩创意布包包

用结粒绣缝法手缝上马铃薯小小的双眼，再加上樱桃小口，马铃薯变得好可爱呢！

一起来玩料理吧。

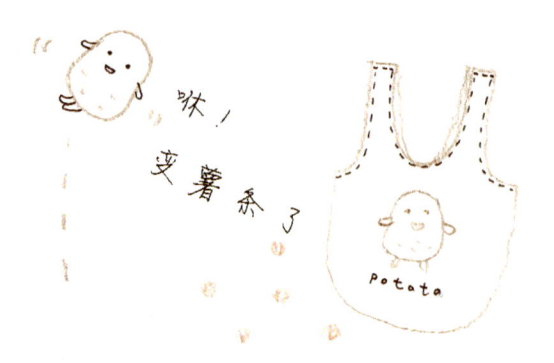

啾！变薯条了

44

Lovable potato bag
马铃薯储物袋 做法·P110

马铃薯拥有可爱的颜色和形状，
是最容易学习制作的美味，
还能变化出各种创意料理，深受小朋友们喜爱。
来吧！让我们来为马铃薯制作一个专属的储物袋，
还可以拎着它上街去购物喔！

森林女孩创意布包包

Dainty gift pocket
美味礼物袋 做法·P112

亲手制作美味的手工果酱、饼干、巧克力,
要用什么包装才能衬托出纯手感的心意呢?
利用透明防水布搭配上布料所设计的礼物袋,
实用又大方,不但诚意十足又拥有100%的手工感喔!

居家・实用的包 My sweet home

Honey bedquilt
棉被袋 做法・P114

暖暖

Store up happiness.

喜欢在早晨散步吃完早餐回家之后，
听着自己喜欢的音乐，然后慢慢地做一些居家的收纳，
尤其是晒了太阳而温暖满溢的棉被，我想了想……
不如，自己做一个好看实用的棉被收纳袋，
让打开柜子收纳棉被时都能有好心情喔！

47

Pear cushion

西洋梨抱枕袋 做法·P116

一起，成为主人
可以依靠的好朋友吧。

居家·实用的包 My sweet home

最喜欢和你在一起了，
因为可以一起彼此拥有相处时的美好生活，
写好的笔记可以放在你的储物袋里，
想午睡也可以抱着你，
是我最美好的幸福。

除了有抱枕功能，
背面还有设计一个小置物袋，
可以放笔记本或小日记喔！

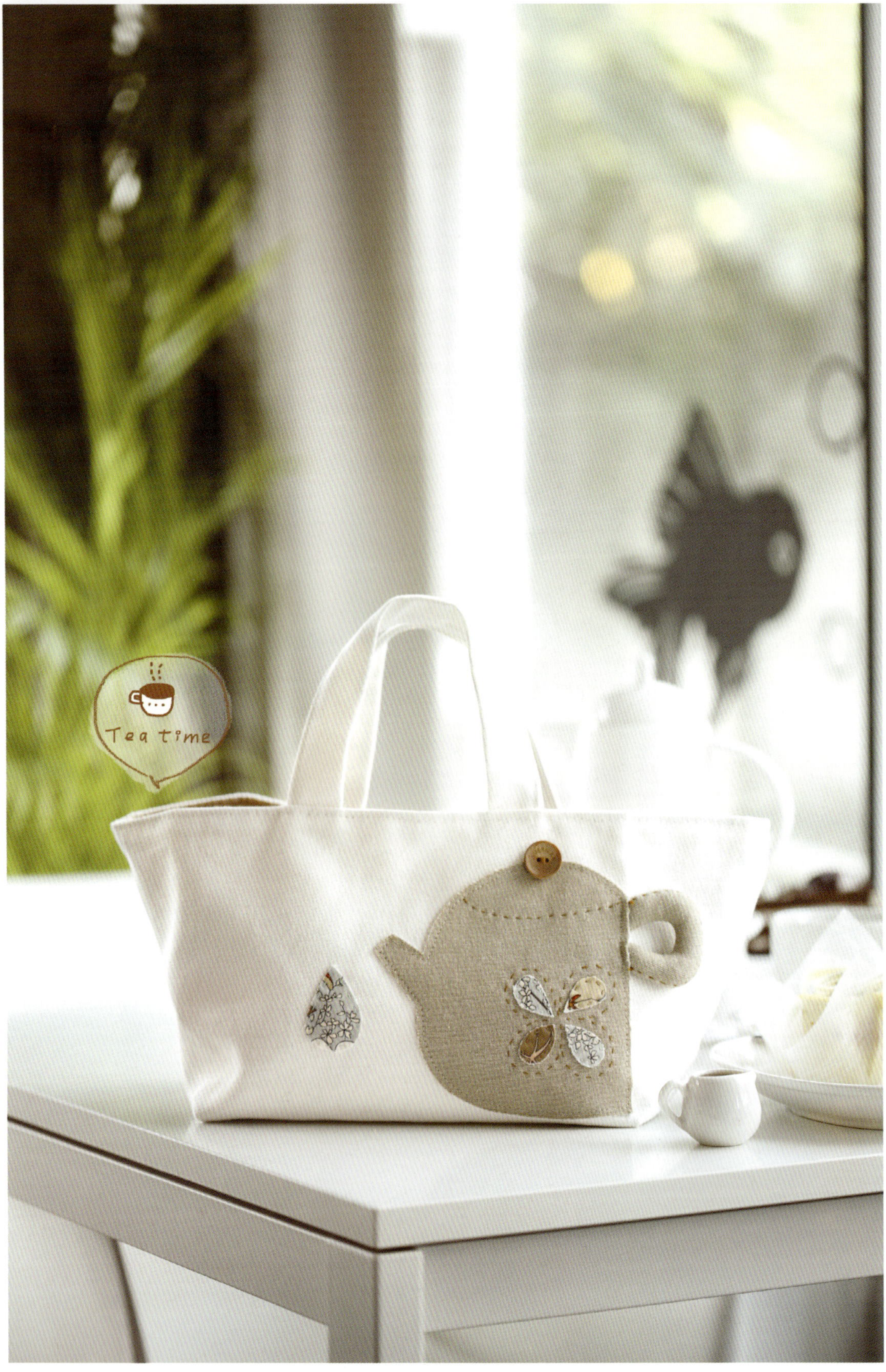
Tea time

居家·实用的包 My sweet home

Leisurely afternoon tea
悠闲下午茶袋 做法·P118

做一个专门放茶包、糖、奶球的提袋，
想喝什么茶或调味，就在袋子里挑选吧！
独自悠闲地喝茶或呼朋引伴来家里午茶，
让茶袋轻轻装点下午茶时光；
或是提着茶袋踩着轻盈的脚步散步去吧！

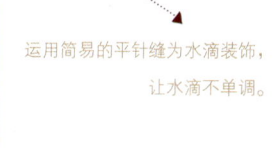

运用简易的平针缝为水滴装饰，
让水滴不单调。

干杯呀。

51

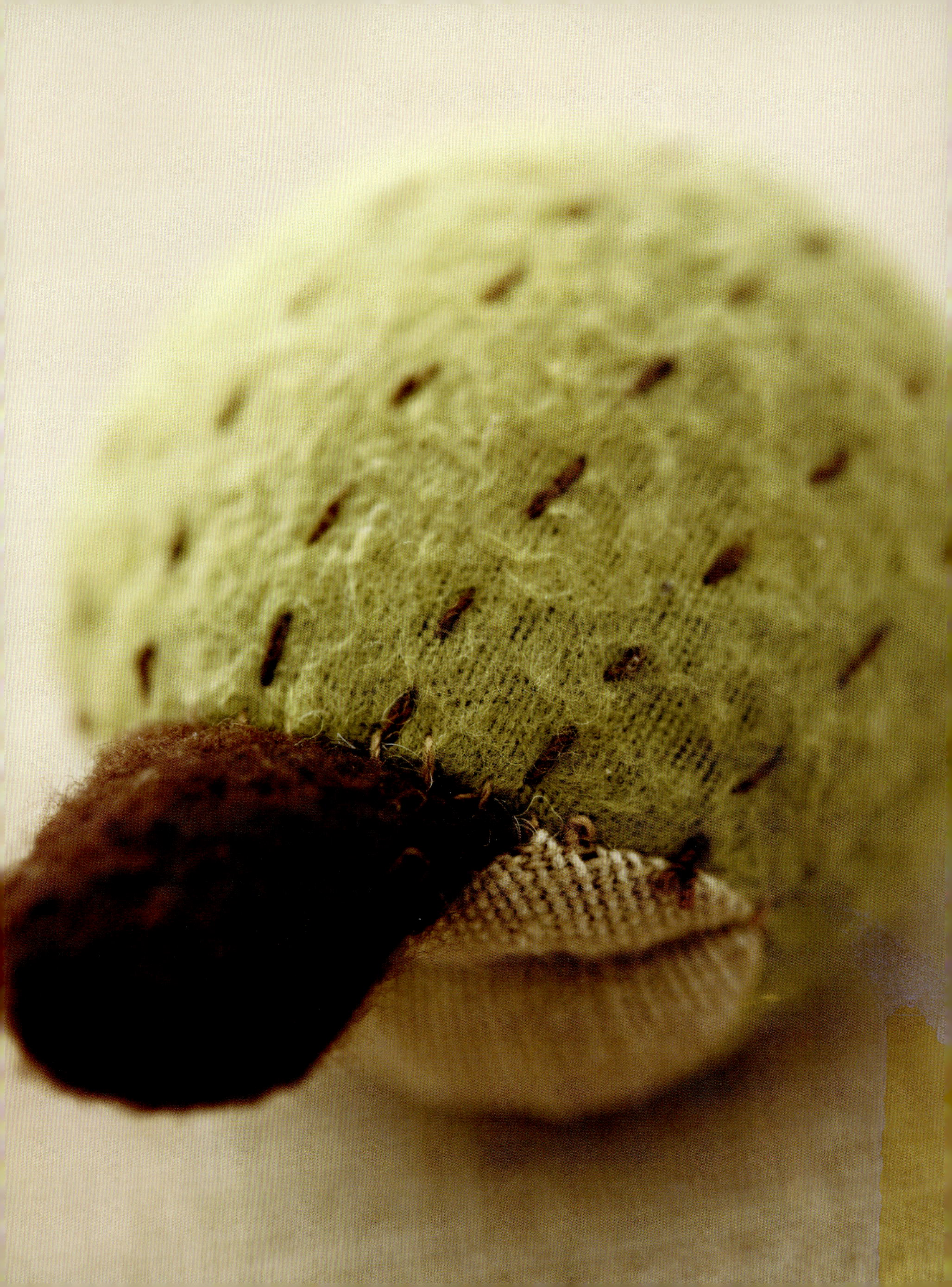

Part 4

收纳·生活的包
My life style

自己心爱的小物或用品，
都希望能有个具功能性又漂亮的收纳地方，
那么，就来为小物做个家吧。
亲手缝制的包包，最不一样了！

to get together

收纳·生活的包 My life style

Snowflakes purse
雪花口金包 做法·P121

今天下午有个小茶会,
很想好好地品尝美味可口的小点心,
悠闲无负担地跟好朋友一起分享心情,聊着生活。
我只想拎着小包包出门去参加小聚餐,
今天就让雪花口金包陪我一起出门吧!

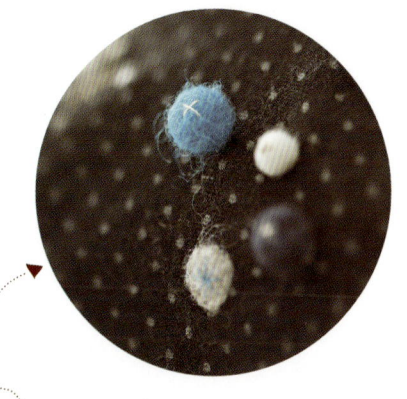

一颗颗的小羊毛球好可爱好温暖!
今天就来做一颗蓝色的羊毛球吧!

Colorful dots bag
点点账单收纳袋 做法·P124

用布制的拉链文件袋改造成手提小包包，
作为放信件、账单的专用收纳袋，
外出缴费或是挂在墙壁上装饰都很可爱喔！
巧手改造，让袋子的功能大跃进吧！

喵呜
带我去啦。

收纳·生活的包 My life style

只要缝上纽扣,
就会像变魔法似的让包包变得立体有造型,
一起来搜集各式纽扣吧!

57

森林女孩创意布包包

只要选对布料，
也能做出适合男生使用的布包。
左右两侧的多层设计，
有大大的空间作为收纳。
出国旅游时，
将机票、护照、信用卡、各国钱币等等轻松收放携带，
是一个非常适合旅行的多功能包。

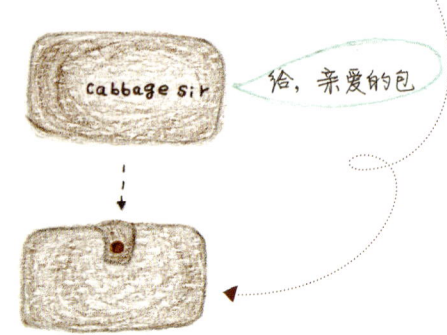

Cabbage sir 给，亲爱的包

收纳 生活的包 life style

Boy's wallet

男孩·旅行布包夹 做法·P126

Nice tree key case
大树钥匙串包 做法·P128

回到家是自己最喜欢待的地方,
包包里一大串的钥匙串,
有没有一间属于你很想窝着的房间呢?
我为自己喜欢的工作室设计一个独立的小钥匙包,
很随性地插放在钥匙孔上也很可爱呢!

叩叩叩!

收纳·生活的包 My life style

我回来了

▶ 7是我的幸运数字，你的Lucky number是几呢？

Serviette sack
餐・袋子 做法·P130

We'll go picnicking in the woods.

小肚子好饿。

收纳・生活的包 My life style

收集好看的布餐垫是生活的一种乐趣，
将布餐垫巧手一变，
成为专门收纳餐垫与纸巾的收纳袋。
今日的餐点，想用哪一块餐垫搭配就自己选吧！
提着它出门到公园野餐，是不是也很可爱呢？

除了木制刀叉，你也可以放上自己喜欢的餐具或是装饰品，也有不同的风味喔！

野餐去

63

好方便呢。
呵呵呵……

收纳・生活的包 My life style

Life & traveling zipper bag
生活・旅行夹链袋 做法・P132

饼干袋、药袋等夹链袋，用完即丢实在很可惜，
经过设计改造，成为质感十足的布包收纳袋，
用来收纳生活用品、旅行用品等等，都非常实用喔！

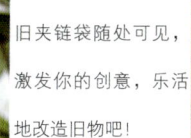

旧夹链袋随处可见，
激发你的创意，乐活
地改造旧物吧！

65

森林女孩创意布包包

开关欣赏厨房里的餐柜一直是我很喜欢的习惯,
每一次买回来的新伙伴餐具都是一块儿放入餐柜里的,
一层层摆放的餐具好像是一家人呢!
我想我该为你们布置一个温暖的家,
小碗有了自己的家,
杯子也有了自己的家了。

专为器皿用品设计的收纳袋,圆桶状的设计,可在布上绣上杯或碗的图样,增添生活杂货感。

收纳·生活的包 My life style

To storage bowl & cup
杯碗收纳袋 做法·P134

找到属于我的家了。

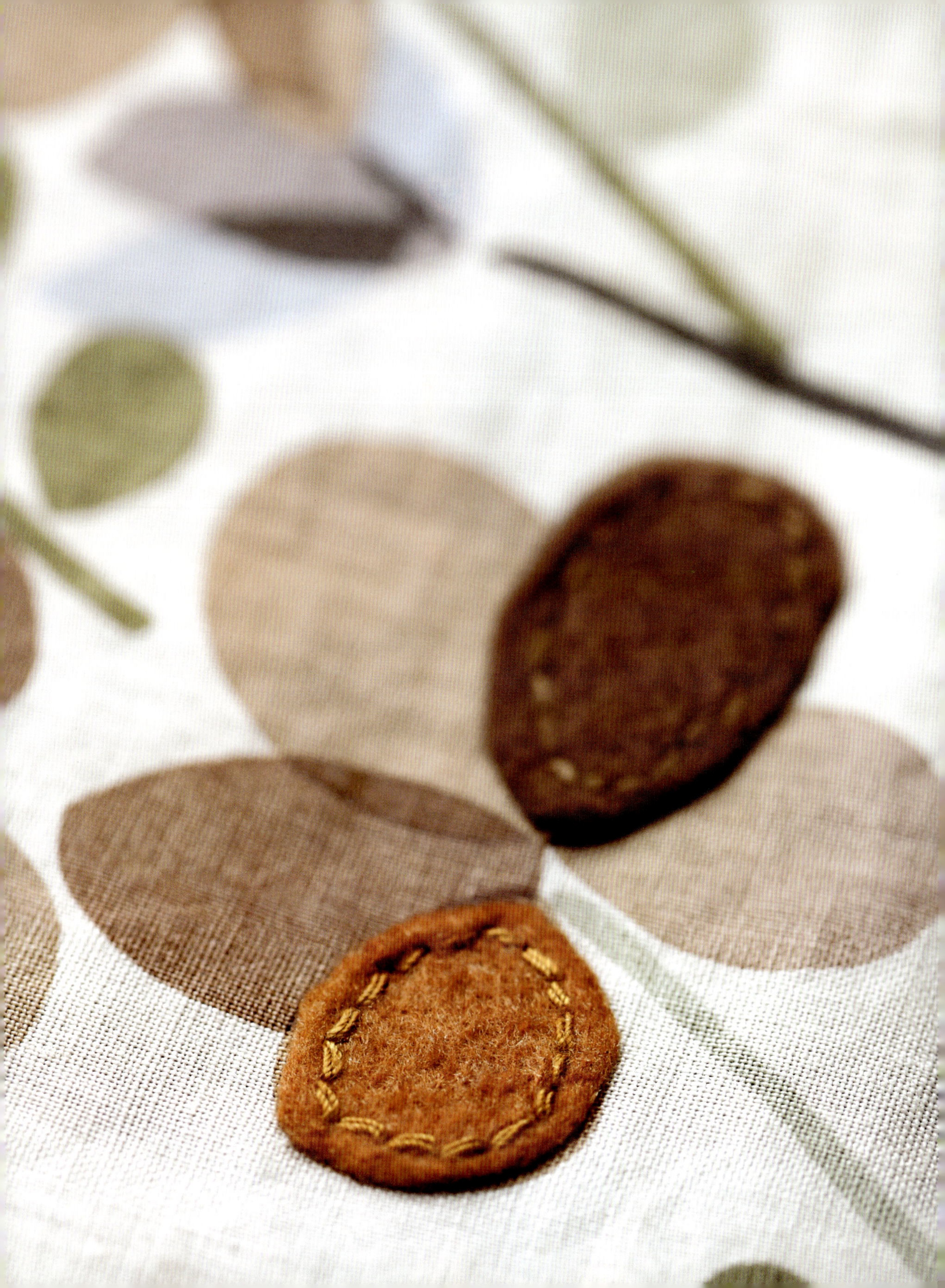

Part 5

改作·创意的包
Love fun handmade

生活周围的小物或二手旧物,
都是新鲜可爱的包包素材,
一起突发奇想,踏进创意的手作天堂,
快乐地巧手改造吧!

森林女孩创意布包包

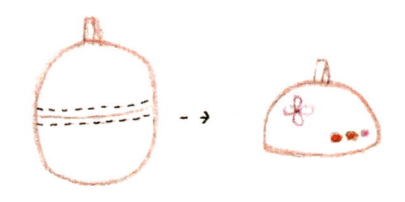

Beauty pouch
小化妆包 做法·P136

也不知何时开始喜欢买镜子、小梳子啊……
还有甜美粉嫩的口红，
然后开始喜欢在脸上玩色彩，装扮自己，
一直希望有一个小化妆包来装下我的美丽妆扮品呢！

利用现成的隔热手套加以改作，
可以放零钱、美妆小物，让生活更美丽。

Cacao pencil case
可可点笔袋 做法·P138

可可……可可就像是在笑呢……
轻轻地念一遍……嗯……有开心的感觉喔！
很喜欢可可色，很爱喝热可可，热爱可可（笑），
希望我的包里也有我喜爱的可可
带着我的可可一起写下我的生活。

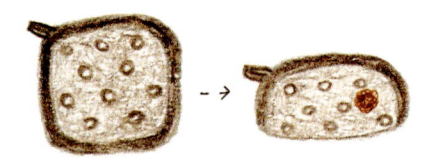

将隔热垫缝上拉链，
就变身成为小笔袋，
在拉链头处随兴地加上扣子，
更有杂货感喔！

Pink apple pocket

小苹果置物袋 做法·P140

改作・创意的包 Love fun handmade

小女孩说：我最爱吃红彤彤的苹果了！

妈妈可以带着我去买小苹果吗？

嗯，我们一起牵手拎着包包，

去水果店买可爱的小苹果回家吧！

开放式的袋口方便取拿小物，你也可以自己缝上扣子或是拉链让袋口密合。

73

Pretty rabbit bag
可爱兔儿手机袋 做法·P142

袜子不只能做成娃娃，也能做成小包包喔！
只要再加上耳朵、小手和蕾丝背带装饰，
就成了可爱的兔儿手机袋，
可以放手机、小杂物、小本单字卡&笔，
还能放宝贝喜欢的糖果小点心喔！

喂，偶是辣子兔啦

快打电话
给我。

to go on a journey

改作·创意的包 Love fun handmade

用水彩颜料在布上随兴绘上圈圈点点，就变成超有设计感的布标。

Blue camping bag
格子蓝野餐袋 做法·P148

偶尔的小假期我们一起去野餐吧！
先与你一起散步拎着野餐包，
去选购野餐时要共享的美味，
我们买的美味都不一样耶～
可是彼此吃着对方选购的美味……
哟呼～好幸福喔～

主厨

今天吃什么呢?

改作・创意的包 Love fun handmade

Squirrel sack
松鼠包 做法·P150

散步经过公园里的大树旁，
看到了小松鼠正在啃着果子，
实在可爱极了！
我坐在椅子上从袋子里拿出刚买的吐司，
呵呵……仿佛小松鼠陪着我一起吃早餐呢！

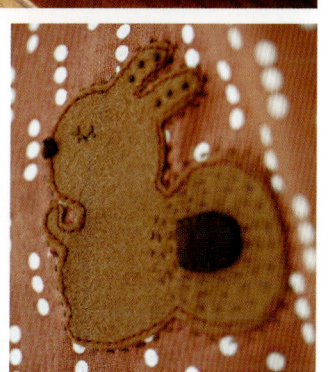

森林女孩创意布包包

Bear painting bag
小熊画袋 做法・P152

改作·创意的包 Love fun handmade

剪下自己喜欢的图案，不会画画也可以做出可爱的包包喔！

嗯～今天的天气好暖和啊！
好想将天空里的白云带回家喔……
提着我专属的小熊画袋跟色铅笔一起出门了！
把天空上的小白云画在我的素描本上，
回家后将小白云挂在墙壁上吧！

81

一起买
糖糖哦

改作・创意的包 Love fun handmade

Super cute handbag
卡哇依手环小包 做法・P145

运用自己喜爱的塑料手环结合粉嫩色系的布料，
就能变身为可拎可提的轻巧包包。
在包包上用颜料画上可爱的小花，
或是画上自己喜欢的图案，也是一种创意的搭配喔！

老板，
多少钱钱呀？

小花可爱的模样，
缝上纽扣让小花更
有纯真的感觉。

83

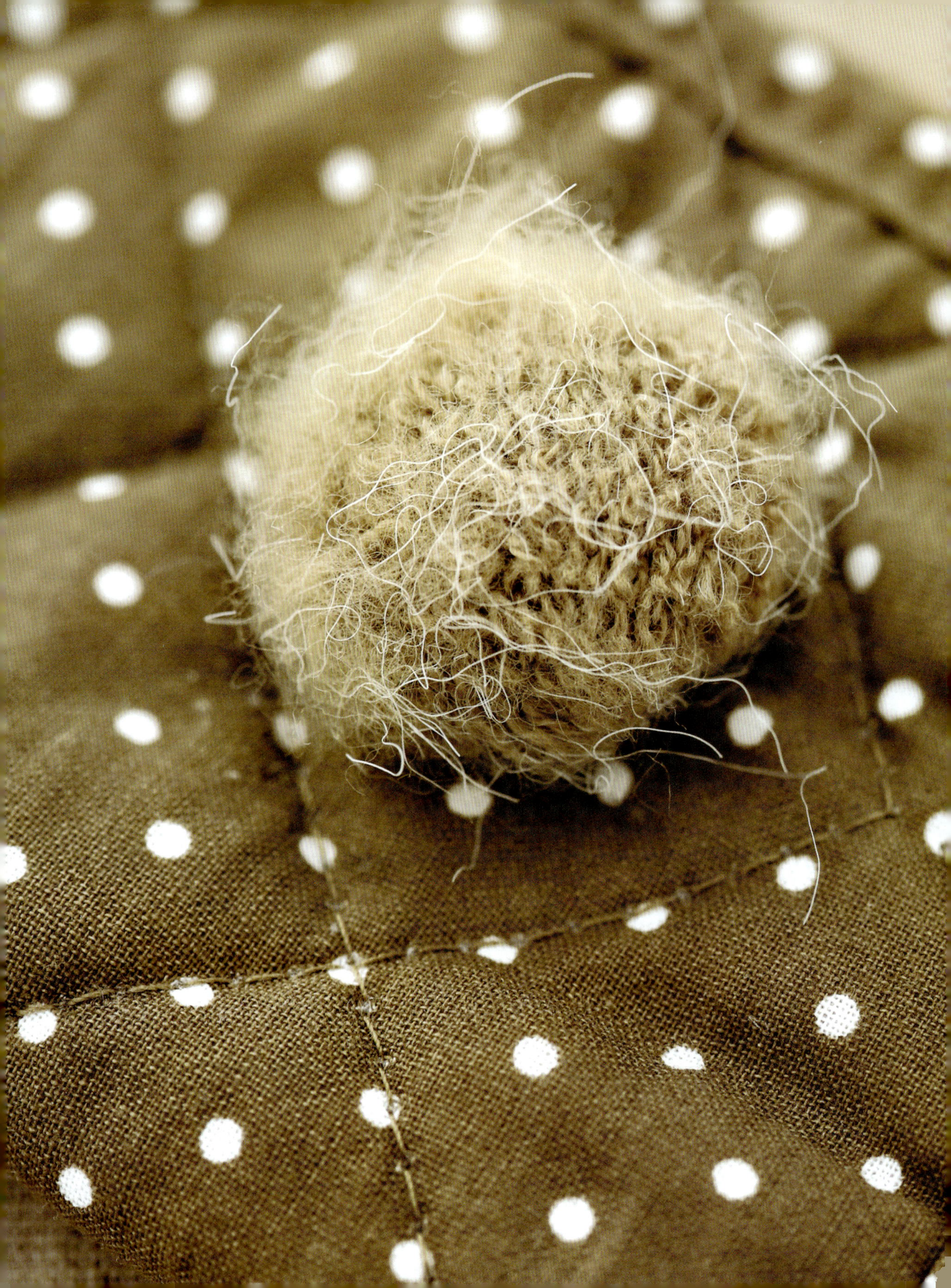

Part 6

How to make

本单元附有贴心的版型及详细图解，
跟着DVD实作教学，成功率超高，
亲手缝制包包送给身边的亲人、好友，
一起感受幸福的存在。

森林女孩创意布包包

小鹿草原包 附有版型

完成尺寸：宽32cm × 高40cm × 底7cm（未含提把）

❈ 材料

袋身
1. 里布袋身：66cm×42cm 1片
2. 表布袋身：66cm×42cm 1片
3. 里布提把：40cm×5cm 1条
4. 表布提把：40cm×5cm 1条
5. 装饰布条：29cm×2.5cm 1片
6. 咖啡色不织布1片（小鹿身体）
7. 白色帆布1片（小鹿的脸）
8. 橘棕色羊毛（装饰小鹿耳朵）
9. 米白色羊毛（装饰小鹿身体）
10. 咖啡色羊毛（装饰小鹿鼻子）
11. 木扣子2颗（装饰两边袋底）

工具
12. 羊毛毡工作垫
13. 线
14. 水彩笔
15. 白色、枣红色、咖啡色颜料
16. 小剪刀
17. 羊毛毡针
18. 针

做法 Step by Step

小鹿的做法

1 剪小鹿
参考纸型剪下小鹿的形状，取一小粒羊毛在手指上搓一下，要用来作小鹿的鼻子。

2 戳鼻子
将羊毛戳在小鹿的鼻子上，戳完用剪刀修剪一下形状。

3 戳耳朵
将橘棕色羊毛戳在耳朵处。

4 戳身体
将米白色羊毛用手指搓成一粒一粒的，戳在小鹿身体上。

呼……喝杯茶。

5 画眼睛
依纸型剪下小鹿的脸，然后用颜料绘上眼睛。

How To Make

6

用平针缝
用平针缝将小鹿的脸缝上。

7

再缝一次
在脸的上方用平针缝缝上线条，让小鹿的脸看起来更立体。

8

缝在表布上
先将表布对折，把小鹿配置在正面的右下侧（距缝份6cm处），用回针缝固定在表布上。

表袋的做法

9

车缝袋身
将表布反面对折后，留1cm缝份车缝侧边与袋底。

10

缝布条
将装饰的布条对折车缝连接处（缝份1cm）。

11

2cm

装饰布条
将布条用平针缝缝在袋身右侧（袋口下来2cm处）。

12

7cm

袋底对折
将表袋对折，两侧袋底折成三角形，并在袋角下7cm处作记号。

13

用平针缝
用平针缝将两侧袋底的三角形缝合，将线头露出也很可爱喔。

14

快完成了

往上折
由里布出针，将三角形往上折缝合，再缝上木扣装饰。

87

森林女孩创意布包包

提把的做法

15 缝提把
将提把表、里布正面相对，留0.5cm缝份车缝后，由开口翻回正面。

里袋的做法

16 车缝里袋
将里布反面对折车缝侧边与袋底，右侧留下10cm返口。

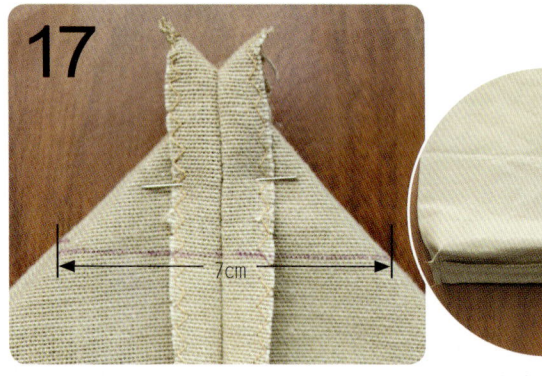

返口10cm
车缝

17 打袋底
将两侧袋底都折出三角形，离袋角7cm处画记号，可先用丝针固定后较好车缝。

▲画好车缝记号后，剪下多余的布。

表袋、里袋与提把的缝合

18 套入
将表袋正面套入里袋（正面），提把则配置在袋身中心点左右各5cm处。

19 一起车缝
留1cm缝份后，反面将袋口与提把一起车缝一圈。

车缝

20 由返口拉出
由返口拉出表袋，整理好后用藏针缝缝合返口就完成啰。

啊哈哈哈……
完成喽

How To Make

大树野餐包 附有版型

宽38.5cm × 高40.5cm × 底6.5cm（含布条未含提把）

✂ 材料

袋身
1. 棕色表布：圆形直径40.5cm2片
2. 点点里布：圆形直径40.5cm2片
3. 棕色表布袋底：50cm×8.5cm2片
4. 点点里布袋底：50cm×8.5cm2片
5. 咖啡色袋口布条：39cm×8cm2条
6. 棕色及点点口袋：直径15.5cm各1片
7. 皮革提把：50cm×2.7cm2条
8. 大树拼布1片
9. 树根拼布1片
10. 扣子9颗

工具
11. 深色麻绳
12. 线
13. 小剪刀
14. 手缝粗针
15. 针

做法 Step by Step

大树的做法

1 缝扣子
将彩色扣子缝在大树上，用回针缝来回缝合扣子的两个孔洞，不同于以往扣子的缝法，有美化的效果喔。

2 缝大树
用平针缝将大树及树干固定在棕色口袋上。

口袋的做法

3 车缝剪牙口
将两片口袋正面相对，留1cm缝份后车缝一圈，在右侧留下5cm返口，并剪出一圈牙口。

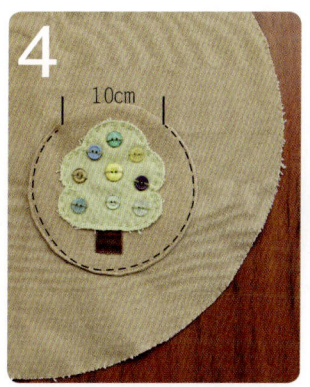

4 与袋身车缝
将口袋翻到正面，用藏针缝缝合返口后，固定车缝在棕色表布前片的右下方，留10cm不车缝作为小口袋的开口。

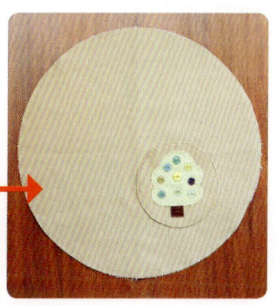

5 平针缝装饰 / 装饰袋口
用平针缝装饰10cm的开口处。

89

森林女孩创意布包包

袋底的做法

6

连接两片袋底
将两片袋底正面相对，留1cm缝份后车缝，将两片袋底连接起来。

▲翻到正面后再车缝一次加强固定。

外袋、里袋的缝法

7

缝表布前片
将表布对折取中心点，将袋底配置在中间，留1cm缝份后与表布一起车缝。

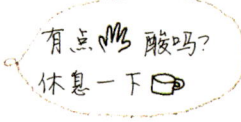

有点酸吗？休息一下

8

缝表布后片
将另一片棕色表布的正面朝下，整齐对准后与袋底一起车缝，外袋就完成了。

9

加强车缝
袋底与袋身的接缝处正面前片车缝一圈，加强袋型的牢固。

▲表布后片反面也要再车缝一次。

10

车缝里袋
里袋的做法跟外袋相同，请参考步骤7～步骤9。

90

How To Make

袋身与布条的缝法

11 放入里袋
将里袋反面放入表袋(反)里面。

12 车布条
将斜纹布条两端连接,留1cm缝份后车缝起来。制作有圆弧的包包时,斜纹布的弹性佳,能随着包形完整包覆。

13 一起车缝
布条的缝合处对准袋身的侧面,将布条包覆袋口半圈,留1cm缝份后车缝前半圈,接着另半圈也车缝起来,最后将布条两端接合,剪去多余的布,并在缝份上剪出牙口。

14 将布条向内折
修剪袋口的牙口后,将布条向内折2cm。

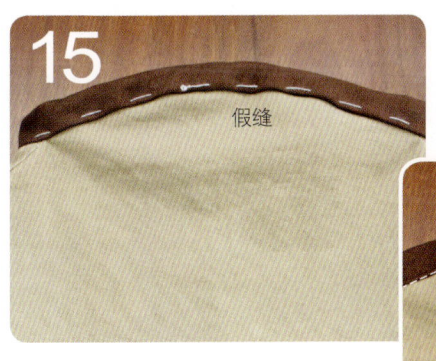

15 假缝固定
由于袋口是圆弧形的,所以可先假缝或用丝针固定一下再车缝,布条较不容易歪斜。

▲车缝袋口布条一圈。

提把的缝法

16 用粗针手缝
将提把配置在中心点左右各5cm处,用平针缝缝提把,穿针时要稍微拉紧线,使两边提把牢固,使用粗针时要小心别受伤啰。

麻球教室

缝提把时先由里布开始打死结,由1出针,接着由2入针,接着以3出4入,5出6入的针法,最后在打死结收针即完成。共有三排,每一排各为3个平针缝,共有6个出入针。

1出→	1出→	1出→
2入→	2入→	2入→
3出→	3出→	3出→
4入→	4入→	4入→
5出→	5出→	5出→
6入→	6入→	6入→

森林女孩创意布包包

格子鸟暖暖包 附有版型

完成尺寸：宽32cm × 高22cm（未含提把）

✣ 材料

袋身
1. 表布袋身前片34cm×24cm 1片
2. 表布袋身后片34cm×24cm 1片
3. 里布袋身前片34cm×24cm 1片
4. 里布袋身后片34cm×24cm 1片
5. 表布提把40cm×6cm 1片
6. 里布提把40cm×6cm 1片
7. 格子鸟里布口袋1片
8. 格子鸟表布口袋1片
9. 棉花少量
10. 嘴2片、翅膀1片
11. 大扣子、小扣子各1颗

工具
12. 线
13. 小剪刀
14. 针

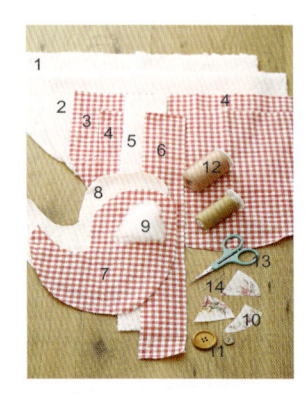

做法 Step by Step

里袋的缝法

1 两片车缝
返口10cm

将两片格子里布正面相对后，袋口不用车缝，其余留1cm缝份后车缝，在右侧留下10cm返口。

格子鸟的做法

2 剪牙口

▲ 没有剪牙口的格子鸟 　　▲ 翻面后布缘凸起 NG！

将格子鸟的表布和里布正面相对后，留1cm的缝份后车缝，左侧袋口不车缝作为返口，并在缝份上剪牙口，翻到正面后才不会因为布料的伸展性不够，而使布缘凸起不美观。

▲ 有剪牙口的格子鸟 　　▲ 翻面后布缘平整 OK！

3 缝扣子、翅膀

将格子鸟翻到正面后，缝上小扣子作为眼睛，用平针缝将翅膀缝上。

How To Make

4 缝制嘴巴
将小鸟的两片嘴巴对齐后用平针缝缝合，并塞入适量棉花。

提把的缝法

5 缝提把
将提把的表布和里布正面相对，留0.5cm缝份后车缝两侧，接着由开口翻回正面，做出一条提把。

格子鸟与袋子的缝法

6 放在左侧
将完成好的格子鸟车缝固定在表布前片的左侧，中间不车缝作为口袋的开口。

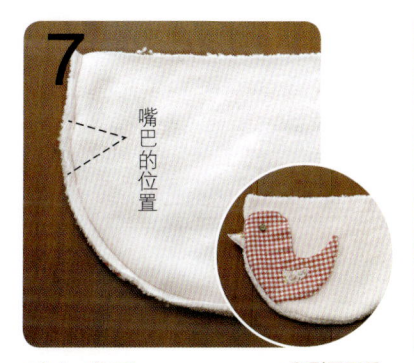

7 放入嘴巴
取出表布后片，与前片正面相对，将嘴巴夹在中间，留1cm缝份后一起车缝固定。

▲翻到正面后。

袋子与提把的缝法

8 固定提把
用丝针将提把固定在袋子后面的袋口正中央。

9 放进里袋
将表袋正面放入里袋（正面），反面一起车缝袋口。毛粒布材质较厚，车缝时容易松动，所以可先用丝针或假缝固定比较好缝合。

10 从返口拉出
从返口拉出表袋。

11 密缝
用藏针缝将返口缝合。

12 固定
将大扣子与另一边的提把一起缝合。

13 完成
可用平针缝将嘴巴的地方加强，能固定缝份也可以装饰喔。

森林女孩创意布包包

走吧，喝浓汤 附有版型

完成尺寸：宽30cm × 高36cm × 底5cm（未含提把）

✣ **材料**

袋身
1. 表布袋身前片38cm×32cm1片
2. 表布袋身后片38cm×32cm1片
3. 里布袋身前片38cm×32cm1片
4. 里布袋身后片38cm×32cm1片
5. 表布袋身前片的口袋32cm×32cm1片
6. 黄色、咖啡色提把44cm×4.5cm各2片
7. 碗形图案表、里各1片（缝在口袋上）
8. 汤匙图案表、里各1片（缝在口袋上）
9. 碗口图案1片（缝在口袋）
10. 小圆布直径6.5cm2片（缝在里布内绣"汤"字）
11. 小木扣2颗、彩色小串珠4颗

工具
12. 咖啡色布用颜料
13. 细水彩笔
14. 小剪刀
15. 针
16. 透明线
17. 线

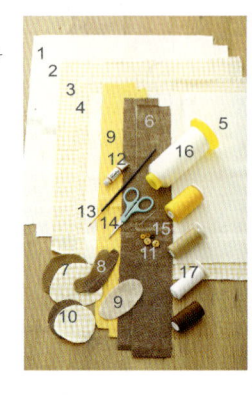

做法 Step by Step

口袋的做法

1 缝碗及汤匙
口袋的袋口先内折1cm两次后车缝，接着将汤碗及汤匙的表里布对齐，用回针缝缝合在口袋的中心处。缝好汤碗后，碗口的图案也用平针缝缝在汤碗上。

2 缝串珠
用透明线将彩色串珠缝在碗口装饰。

3 写上食谱
可寻找自己喜爱的英文食谱，用水消笔先将食谱写在汤碗下方，再用细水彩笔蘸上布用颜料描绘。写完后可隔一层布稍微熨烫，让颜料固定，并在材料及做法前面缝上小木扣装饰。

▲ 缝上小木扣装饰。

提把与表袋的做法

4 缝合提把
将提把正面相对，留0.5cm缝份后，反面车缝一圈，并在一侧留5cm的返口。翻回正面后，再将边缘压线车缝一圈使其牢固。

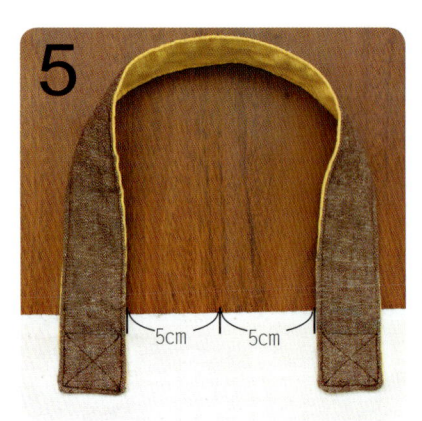

5 固定提把
将提把两条分别配置在袋身的前片及后片，位置在袋口下方1.5cm处，袋身中心点左右各5cm处。预留1.5cm是因为缝合袋身时需要1cm的缝份，翻回正面后需要0.5cm的缝份来固定袋口。

▲ 固定提把时，可先车缝出3cm的正方形，然后再车缝交叉线；也可以用回针缝，让提把更有造型。

94

How To Make

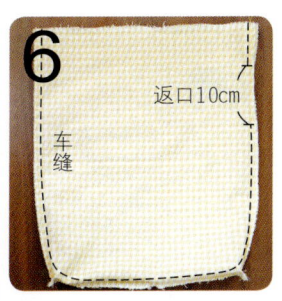

6 留返口
里袋的做法

将里布正面相对后，左右留1cm缝份，袋底留5cm缝份后车缝一圈，在右侧留下10cm返口（请参考P19立体袋型的做法）。

7 装饰小圆布

先取一片小圆布用回针缝绣上"汤"字，再与另一片小圆布正面相对后反面车缝，留0.5cm缝份及返口2cm，修剪圆布牙口后，再翻回正面，小圆布即完成；然后将小圆布用平针缝缝在里布后片的右上侧。

8 配置袋身
袋身的缝合

在表布前片的正面放上步骤3制作好的口袋，然后再反面叠上表布的后片。

有点酸吗？休息一下

9 打袋底

袋口不车缝，先车缝左右两侧及袋底，袋底同里袋留5cm缝份后车缝。

10 放入里袋

将表袋（正面）放入里袋（正面）中。

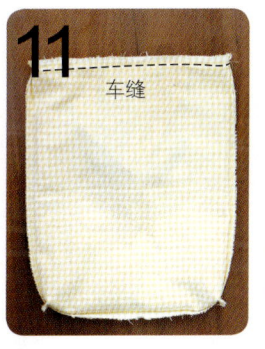

11 车缝袋口

留1cm缝份后，反面一起车缝袋口一圈。

12 拉出

从返口拉出正面的袋身。

13 加强车缝

车缝袋口的边缘一圈，将提把折下来，只需车缝袋口的布固定即可。

14 缝麻绳

可在汤匙的握把缝上9cm的麻绳作为装饰。

▲打上结。

15 缝合返口

缝合里布的返口即完成。

95

森林女孩创意布包包

轻柔秋日袋 附有版型

完成尺寸：宽30cm × 高40cm（未含提把）

✣ 材料

袋身
1. 表布前片：42cm×32cm 1片
2. 表布后片：42cm×32cm 1片
3. 里布前片：42cm×32cm 1片
4. 里布后片：42cm×32cm 1片
5. 提把后片：40cm×4cm 2条
6. 提把前片：40cm×4cm 2条
7. 棉花
8. 布标：5cm×4cm 1片
9. 叶子吊饰后片 1片
10. 叶子吊饰前片 1片
11. 橘棕色叶子 1片
12. 咖啡色叶子 1片
13. 皮革细绳：20cm 1条

工具
14. 线
15. 针
16. 小剪刀

装饰叶子

1 缝上叶片
从表布反面下针，接着穿过叶子，分别将两片叶子以回针缝缝在表布袋身前片的叶子上，每一针的距离约0.5cm，不织布材质可增添袋子的立体感。

2 车缝布标
将布标的反面朝上对折，并内折0.5cm缝份后车缝固定。

▲布标完成。

3 配置布标
将布标对折配置在表布的前后片里面，距离约在袋口下3cm处。

来呀！开始哦

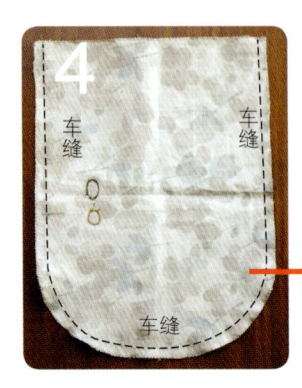

布标与袋身的缝法

4 与袋子车缝
留1cm缝份后，将布标与袋子一起车缝，留下袋口不用车缝。

▲留1cm缝份车缝。

96

How To Make

5

里袋的做法

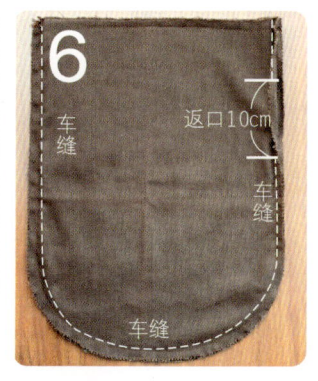

6

车缝
返口10cm
车缝
车缝
车缝

7

提把的做法

未翻好面的提把
翻好面的提把

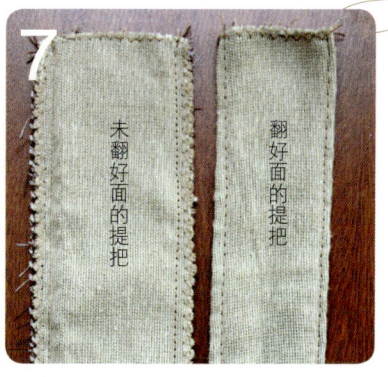

翻到正面
将袋子翻到正面后，布标就会露出来啰。

车缝里布
将里布正面相对后，留1cm缝份后车缝袋身一圈（袋口不用车缝），然后右侧留下10cm作为返口。

车缝提把
将提把翻回正面后，于提把两侧各压一条线固定。

里袋、外袋、提把的缝合

8
入
5cm　5cm

▲提把要放在里袋和外袋的中间喔。

9 车缝

外袋套入里袋
将车缝好的表布袋身（正面）套入里布袋身（正面），提把则配置在袋口的中心点左右各5cm处，然后反面一起车缝。

车缝袋口
留1cm缝份后，车缝袋口一圈，将提把和里外袋固定。

10

从返口拉出外袋
从返口慢慢把花花外袋拉出来，然后将里袋推入稍微整理一下。

▲推入里袋

11

缝合返口
用藏针缝将返口缝合。

97

森林女孩创意布包包

12

车缝袋口
离袋口下来0.2cm处再车缝一圈，可加强固定提把。

叶子吊饰的做法

13

缝上装饰
用平针缝帮叶片缝上装饰，让叶片不单调。

14

◁ 车缝一圈留下方开口。

和细绳车缝
将皮革细绳配置在叶子前片和后片中心处，然后一起密缝。

啊哈哈哈……
完成喽

15

塞入棉花
将棉花塞入叶片里，可用水彩笔或是竹筷来辅助塑形，塞完后用密缝将开口缝合。

16

穿入吊饰
将细绳穿入布标的洞里，再套入叶子往下拉，让吊饰固定在袋子上。轻柔秋日袋就完成啰。

How To Make

夏日海洋包 附有版型

完成尺寸：宽39cm×高27.5cm×底9cm(未含提把)

✂ 材料

袋身
1. 表布前片：41cm×37cm 1片
2. 里布前片：41cm×37cm 1片
3. 表布后片：41cm×37cm 1片
4. 里布后片：41cm×37cm 1片
5. 表布前片口袋：11.5cm×11cm 1片
6. 里布后片口袋：11.5cm×11cm 1片
7. 表布提把：38cm×5cm 2片
8. 里布提把：38cm×5cm 2片
9. 口袋的蕾丝：11.5cm×2cm 1条
10. 口袋的布标：6cm×1.5cm 1条
11. 粗棉线：15cm 1条
12. 袋身袋口的蕾丝：30cm×1.5cm（可缝一圈袋口的长度）
13. 海星2片
14. 驼色羊毛少量
15. 小贝壳（有孔洞的）1颗

工具
16. 线
17. 小剪刀
18. 羊毛针
19. 针
20. 工作垫

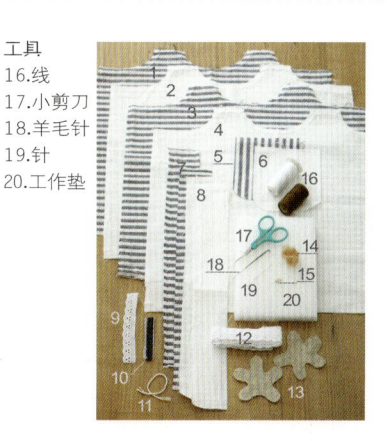

做法 Step by Step

口袋的缝法

1 缝布标
将两片口袋的正面相对后，在袋口左边下来2.5cm处夹入布标，接着留1cm缝份后一起车缝，留下袋口不用车缝。

2 剪牙口
在口袋的圆弧处修剪牙口，翻面后口袋才会美美的喔。

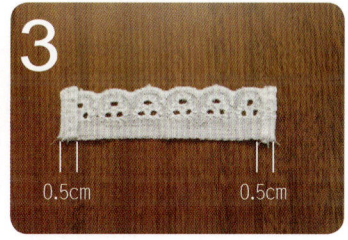

3 车缝蕾丝
将蕾丝左右各内折0.5cm车缝两次固定。

4 装饰
把口袋翻回正面，将条纹那一面的袋口往内折1cm缝份后放入蕾丝一起车缝。有了蕾丝的装饰，口袋变得很甜美可爱呢！

表袋的做法

5 车缝口袋
将口袋配置在表布的左侧后车缝固定（缝份下10cm、距左侧7cm处）。

99

森林女孩创意布包包

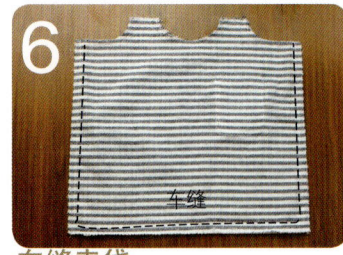

6 车缝表袋
将两片条纹的表布正面相对后，留1cm缝份后车缝左右侧及袋底。

7 打袋底
将袋底两端折三角形，距袋角9cm处画上记号，留1cm缝份车缝后，再剪去多余的布（请参考P19立体袋型的做法）。

▲两边袋角都剪好后，袋子就会变立体了。

8 缝蕾丝
将表袋翻到正面后，把蕾丝假缝固定在表布的袋口，两边表布都要假缝上蕾丝。

里袋的做法

9 缝里袋
同表袋做法，将两片白色里布正面相对后车缝，在袋口缝份下3cm处留10cm返口，打好袋底。

提把的做法

10 缝提把
将提把正面相对，留0.5cm缝份后车缝两侧，然后翻到正面。

表袋里袋与提把的缝合

11 套入
将里袋跟表袋正面相对放入，然后用丝针将提把固定在表袋和里袋中间。

12 一起车缝
反面留1cm缝份后，和提把一起车缝袋口一圈，并修剪袋口的牙口。

How To Make

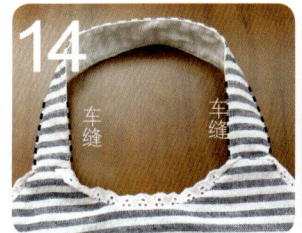

13 由返口拉出
从返口将表袋拉出翻到正面。

▲翻好的样子。
▲将里袋塞入。

14 加强车缝
车缝提把的两侧和袋口的边缘来加强袋形的固定。如果没有缝纫机，可以用回针缝来固定。

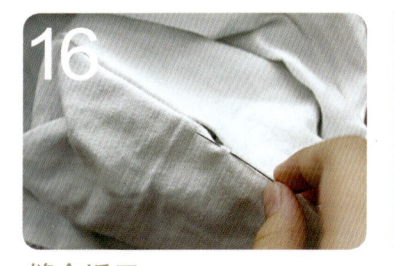

15

16 缝合返口
用藏针缝密缝里袋的返口。

海星的做法

17 装饰羊毛
参考纸型剪下两片海星，取一片将驼色羊毛戳在海星上点缀。

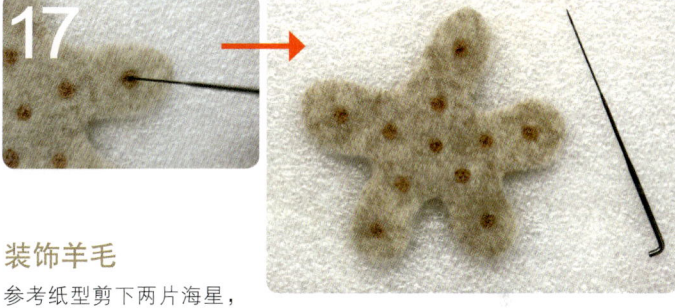

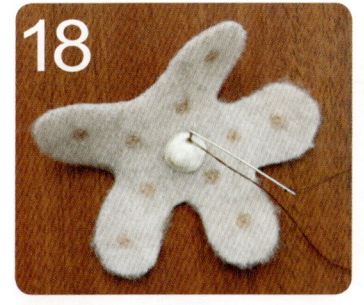

18 缝贝壳
将贝壳缝在海星的中间。

19 塞棉花
将两片海星上端夹入对折的粗棉绳，再以平针缝合一圈，快完成时由开口塞入适量的棉花增加立体感。

20 完成
将海星穿绕在布标上装饰，海洋气息浓厚的夏日包就完成啰。

101

森林女孩创意布包包

春日散步包 附有版型

✤ 材料

袋身
1. 里布袋身：30cm×19cm1片
2. 表布袋身：30cm×19cm1片
3. 里布袋盖：15cm×7.5cm1片
4. 表布袋封：15cm×7.5cm1片
5. 表布袋封的蕾丝：25cm×0.9cm1条
6. 表布正面的蕾丝：7cm×0.9cm3条
7. 造型发圈一个（剪8cm当扣条用）
8. 皮革侧背条含问号勾：总长128cm×1.5cm1条
9. 塑胶包扣：1.5cm1组
10. 包扣的布：直径3cm1片
11. 白色布条：4.5cm×2cm2条（勾皮革背条用）
12. D形环：1.5cm2个

工具
13. 线
14. 针
15. 小剪刀

完成尺寸：宽17cm × 高11.5cm × 底5cm（未含提把）

表袋的做法

1 缝蕾丝
将碎花表布对折后在正面缝上三条蕾丝，左右皆间隔3cm。

2 缝皱摺
将蕾丝折0.5cm覆盖车缝，车出三条皱摺。

3 打袋底并缩缝
将表布反面对折，两侧留1cm缝份后车缝，并打好袋底5cm（请参考P19立体袋型的做法），将另一面袋口缩缝成和有蕾丝那一面袋口一样的宽度。

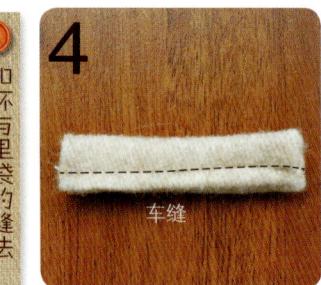

扣环与里袋的缝法

4 对折车缝
将白色布条对折后车缝。

5 套入
将D形环套入布条。

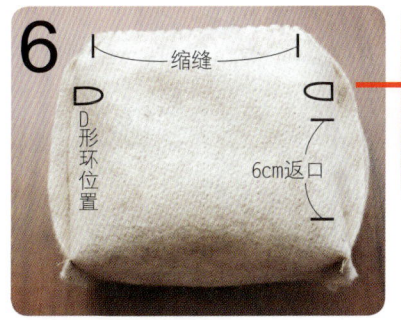

How To Make

6
缩缝
D形环位置
6cm返口

▲ 翻到正面的样子。

车缝里布与D形环

将里布反面对折后，把D形环夹在左右侧袋口下来2.5cm处，留1cm缝份后一起车缝；右侧留6cm的返口，然后袋口一样用平针缝缩缝一圈与表布袋口一样的宽度。

7
袋封的做法

车缝

车缝蕾丝

将表布袋封缝上蕾丝，将缝线缝在蕾丝中心处。

8

配置发圈

将里布袋封与表布袋封正面相对，并将发圈配置在中心处。

9
车缝

一起车缝

反面留0.5cm缝份后一起车缝。

▲ 翻到正面的样子。

10
假缝

假缝

将袋封先用假缝配置在表布袋身的正面。

11
袋封与里外袋的缝合

放入里袋

将步骤10的表袋和袋封（正面），一起放入里袋（正面），然后留1cm缝份后反面车缝袋口一圈。

12

拉出

由返口拉出表袋及袋封，整理一下包型。

13

缝布扣

将包扣做好后缝在正面（包扣做法详见P.16），缝在袋封盖上后扣条可扣到的位置。

14

勾上侧背条

最后将侧背条扣在D形环上，可利用全新或自己组装的背条来组合，春日散步包就完成啰。

103

圣诞节的包 附有版型

完成尺寸：宽25cm×高29cm（未含提把）

❋ 材料

袋身
1. 表布袋身：27cm×30cm 2片
   （袋口需缩缝到20cm）
2. 里布袋身：27cm×30cm 2片
   （袋口需缩缝到20cm）
3. 袋口包边布条：23cm×4cm 2片
   （宽的缝份上下各内折0.5cm）
4. 里布的小口袋：15cm×11cm 2片
5. 棉花
6. 皮革提把：42cm×2.3cm 2条
7. 皮革细条：37cm 1条
8. 圣诞树后片 1片
9. 圣诞树前片 1片
10. 装饰小雪花数片
11. 木扣子：1.2cm 1颗

工具
12. 线
13. 小剪刀
14. 手缝粗针
15. 针

表袋的做法

1 装饰
将木扣和小雪花缝在表布的右下方。

麻球教室
此表袋原本是一条围巾，所以袋身是一体成形的，不用再另外裁剪表布。你也可以剪下二手衣服的腰身部分来作为袋身，可以省去车缝左右侧的步骤。如果要自行裁剪布料的话，就是和里布一样的剪法喔！

2 缝袋底
留1cm缝份后，翻到反面车缝袋底。

布标与袋身的缝法

3 缝小雪花
将口袋的正面缝上小雪花。

4 反面车缝
将两片口袋正面相对，留1cm缝份后车缝一圈，在右侧留3cm返口，并在四端各剪下一角。

5 翻到正面
将口袋翻面后用藏针缝缝合返口，在袋口用平针缝装饰。

How To Make

袋封的做法

配置口袋
将口袋配置在里布后片，位置在中心点下5cm处。

车缝里袋
将里布正面相对后，留1cm缝份后车缝。

套入
将里袋（反面）整齐放入表袋（反面）。

袋口包边的做法

9 对折车缝
将布条反面对折，留0.5cm缝份后，将两端缝合。

10 缩缝袋口
用平针缝缝袋口，拉线使袋口与布条一样宽。

11 套入袋口
将布条反面套入袋口，留0.5cm缝份后车缝一圈。

12 包覆袋口
再将布条往内折0.5cm后，往里折将袋口包覆，然后与里袋车缝一圈。

▲袋口包边完成。

提把的缝法

13 缝提把
将提把配置在袋口中心点左右各3.5cm处，藏针于内袋，依照1～6的顺序，以平针缝将提把缝上。

麻球教室
皮革提把材质较硬，可先放在软垫上用铁钉＋铁锥预先敲洞，之后会比较好缝合喔。

吊饰的做法

14 装饰
在圣诞树的表布缝上小雪花，可搭配结粒绣来增添立体可爱感。

15 塞棉花
将表里布反面相对后，上方加入皮革细条，用平针缝缝一圈固定，在最后完成时塞入棉花后再缝合。

16 完成
将圣诞树绕在提把上就完成啰。

105

森林女孩创意布包包

我们家的钥匙包 附有版型

完成尺寸：宽26cm×高29cm（未含提把）

✳ 材料

袋身
1. 表布前片：31cm×31cm 1片
2. 表布后片：31cm×31cm 1片
3. 里布前片：31cm×26cm 1片
4. 里布后片：31cm×26cm 1片
5. 表布提把：36cm×5cm 2片
6. 里布提把：36cm×5cm 2片
7. 口袋：10cm×11cm 6片
8. 小圆布：直径1.5cm 6片
9. 钥匙拼布 1片

工具
10. 线
11. 小剪刀
12. 针

做法 Step by Step

1 装饰钥匙

缝上钥匙
将钥匙拼布配置在表布前片的右下角，约离布边各5cm处，先缝钥匙柄的三个圈圈，以回针缝将钥匙缝合装饰。

2 小口袋的做法

缝数字
用水消笔画上数字，再以回针缝缝上1的数字，其他的2、3、4、5、6的数字也分别缝上。

3

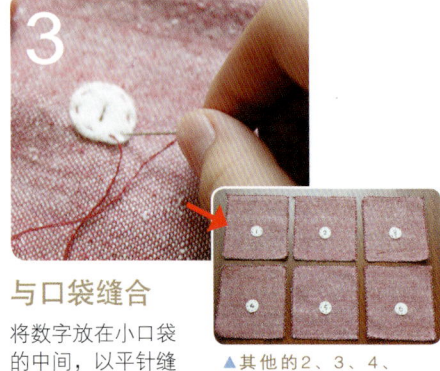

与口袋缝合
将数字放在小口袋的中间，以平针缝固定一圈。

▲其他的2、3、4、5、6的数字也分别缝上。

4

熨烫缝份
因为是选择比较硬质的布料，所以先熨烫缝份，之后会比较好车缝。将口袋的袋口内折2cm缝份，左右侧及袋底内折1cm缝份后熨烫。

5

装饰袋口
以平针缝装饰袋口，其他2、3、4、5、6的数字也分别熨烫及装饰袋口。

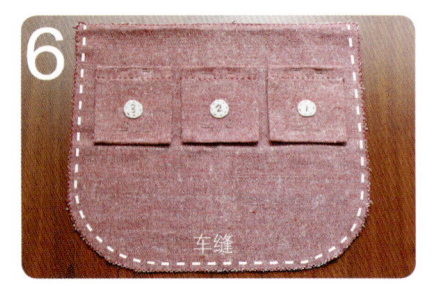

6

与里袋缝合
将数字1、2、3的口袋配置在里布前片，位置在袋口下5cm处，每个袋间隔约1cm。可先以丝针固定后再车缝，以同样的做法，将数字4、5、6的口袋缝在里袋的后片。

How To Make

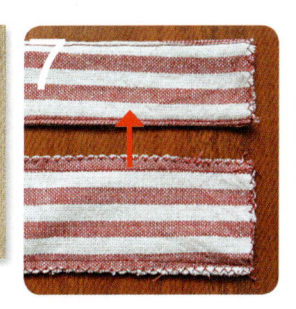

7 提把的做法

缝提把

将提把反面朝上，留0.5cm缝份后车缝两侧，再将提把推回正面。

8 提把与表布里布的车缝

固定提把

将提把以丝针固定在表布前片，位置在袋口中心点左右各5cm处。

9

与里袋一起缝合

将步骤6做的里布前片（有1、2、3小口袋），正面朝内与表布前片一起车缝固定，袋口留1cm缝份。

10

加强缝合

翻到正面后，以平针缝缝合提把与袋身的接合处，加强提把的固定。

11

另一片做法相同

重复步骤8~10，将里布的后片（有4、5、6口袋）和表布后片及提把一起车缝固定，就形成了两片袋身。

12 两片袋身缝合

两片正面相对

将两片袋身的正面相对配置，留1cm缝份后，一起车缝一圈，在袋底留下12cm的返口。

13

由返口拉出里袋

由返口轻轻拉出条纹外袋。

14

缝合返口

用藏针缝将返口缝合。

15

装饰提把

最后用水消笔在提把的左右两侧画上X的记号，藏针于里布，照记号缝上作为装饰。

▲完成啰。

森林女孩创意布包包

环保蒜袋
附有版型

完成尺寸：宽20cm×高11cm×底8cm(含提把)

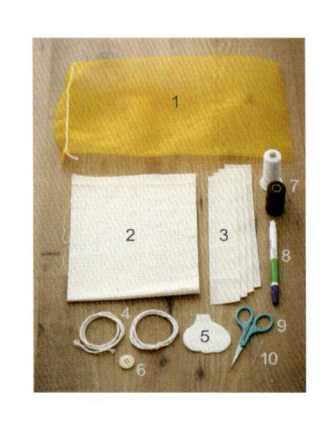

✱ 材料

袋身
1. 蔬果网袋20cm×37cm 1个（也可用洗衣网取代）
2. 表布袋身42cm×18cm 1片
3. 袋口布条22cm×4cm 4片
4. 粗棉线58cm 2条
5. 不织布大蒜图 1片
6. 扣子 1颗

工具
7. 线
8. 水消笔
9. 小剪刀
10. 针

做法 Step by step

1　大蒜的做法

缝大蒜

用平针缝将大蒜缝在表布袋身的中心处，用回针缝缝上眼睛、嘴巴及英文字。

2　表袋的缝法

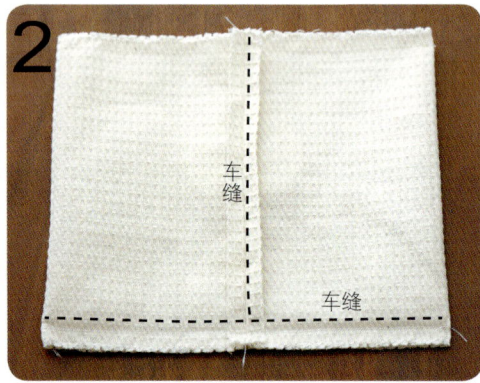

缝袋身

将表布袋身反面往中间对折后，留1cm缝份后车缝。

来呀！开始哦

3　立体网袋的做法

打袋底

在袋底两端折出三角形，于袋角8cm处车缝一直线后，剪掉多余的布，使袋形立体（请参考P19立体袋型的做法）。

4

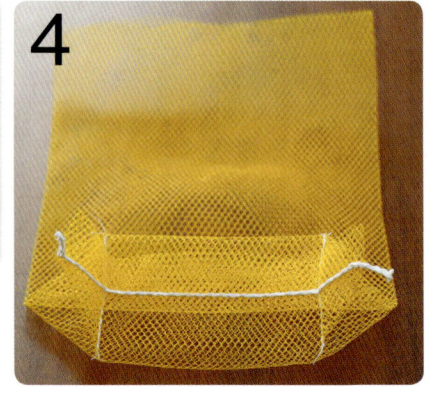

车缝三角形

由于网袋已成一个袋形，所以只要在袋底8cm两端车缝出两个三角形，网袋就会变得立体了。无须剪掉多余的地方，否则网袋会松脱。

How To Make

袋身与网袋的缝合

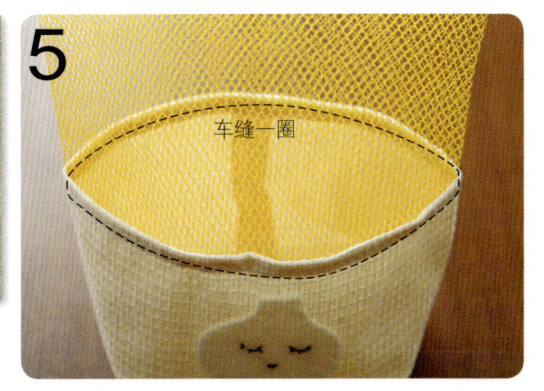

5

套入车缝
将袋身翻到正面，套入网袋，袋口内折1cm缝份两次后，与网袋一起缝一圈。

束口的缝法

6

缝布条
将布条上、下各内折1cm，左右两端内折1cm后车缝固定，做好四条布条。

7

配置
将布条配置在袋口下7cm处，和网袋一起缝合，前后各配置两条布条，先车缝上方固定，接着将粗棉线放在布条的中间，打结的部分一个在左、一个在右配置。

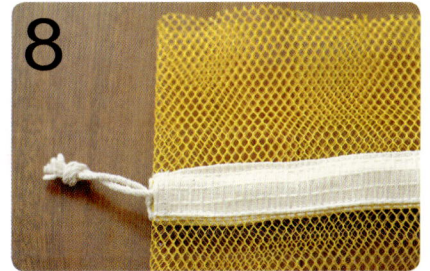

8

缝下方布条
配置好粗线后，将下方内折1cm缝份后车缝固定。

呼……喝杯茶。

9

缝扣子
挑起一些布条的布，缝上扣子装饰，注意不要挑到棉线，以免束口时卡住。

10

完成
将棉线左右拉紧，就是可爱的大蒜束口袋啰。

109

马铃薯储物袋

附有版型

完成尺寸：宽23cm × 高28cm × 底8cm(未含提把)

✻ 材料

袋身
1. 表布袋身30cm×47cm 2片
2. 里布袋身30cm×47cm 2片
3. 马铃薯拼布1片
4. 小手2只
5. 小脚2只

工具
6. 线
7. 小剪刀
8. 针

做法 Step by step

1 马铃薯的做法

缝马铃薯装饰

将马铃薯拼布配置在表布的正面，用车缝或回针缝固定身体，再用平针缝缝身体、手脚的纹路及嘴巴，用结粒绣法缝眼睛。

2 制作表袋及里袋

缝表袋

将表布正面相对，留1cm缝份后车缝左右侧及袋底，在袋底折出三角形，于8cm处做记号后车缝直线并剪掉多余的布，使袋形立体。

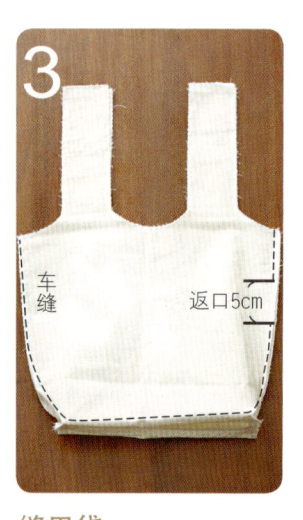

3

缝里袋

将里布正面相对，留1cm缝份后车缝左右侧及袋底，在右侧留下5cm返口，然后在袋底折出三角形。于8cm处做记号再车缝直线后，剪掉多余的布，使袋形立体。

返口5cm

How To Make

表袋、里袋的缝合

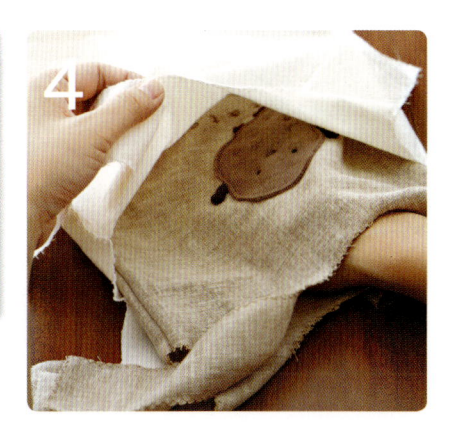

套入
将表袋与里袋正面相对放入。

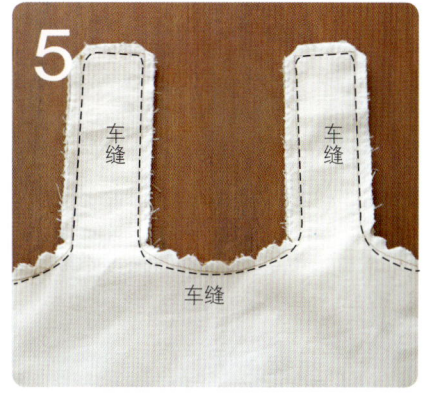

车缝提把
车缝提把处，因为布的材质没有延展性，所以要在圆弧处剪牙口，翻面时才不会使袋型凸起，如果是弹性棉则不在此限。

快完成了

拉出
由返口拉出表袋，提把较细长的地方不好翻面，可以用笔或筷子来辅助。

缝返口
用藏针缝将返口缝合。

连接提把
将提把的两端重叠1cm连接车缝，可缝两次加强固定。

车缝压线
翻到正面后，在袋口下0.2cm处，再车缝一次使袋型牢固及完整。

111

森林女孩创意布包包

美味礼物袋 附有版型

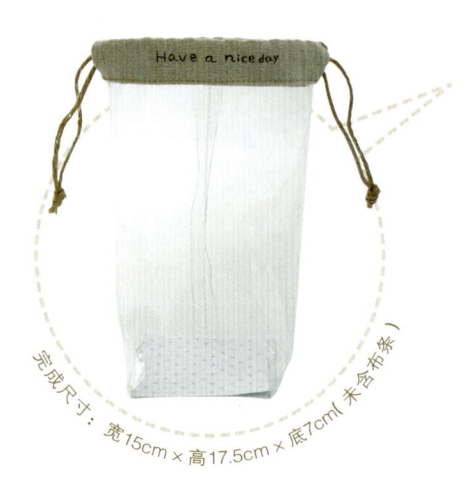

完成尺寸：宽15cm×高17.5cm×底7cm（未含布条）

✖ 材料

袋身
1. 透明防水布32cm×23cm1片
2. 布条19cm×7cm2片
3. 粗麻绳58cm2条

工具
4. 咖啡色布用颜料
5. 针
6. 线
7. 细水彩笔
8. 小剪刀

做法 Step by step

袋身的做法

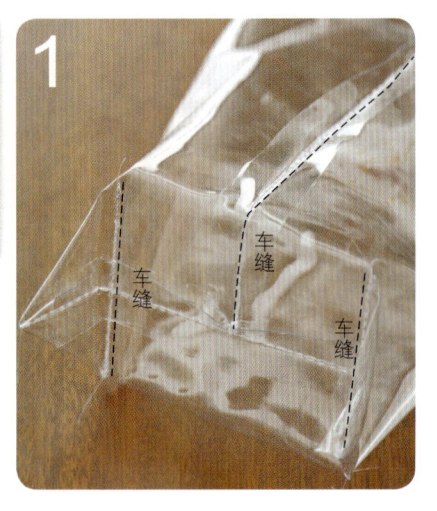

1

车缝袋身

将防水布往中间对折后，留1cm缝份后车缝，袋底两端折三角形，在7cm处做记号后车缝，剪去多余的布，做出立体袋型。

2

车缝袋身

翻到正面后，可在底部放一块小纸板，比较好放置礼物。

上课喽

How To Make

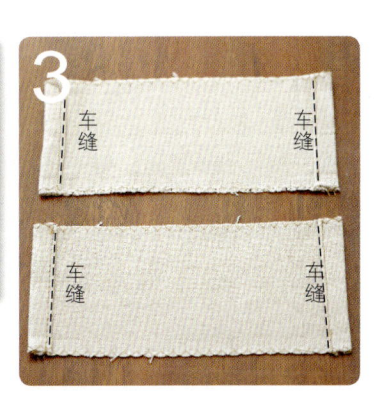

制作表袋及里袋

3 车布标
将两片布标左右各内折0.5cm两次后,车缝直线固定。

4 缝里袋
在布条上写上"Have a nice day"的字,待水彩干后稍微熨烫一下以固定颜色。

麻球教室
透明防水布属于塑胶材质,所以在使用熨斗时要注意不要烫到防水布,以免损坏喔!

布条与袋身的缝法

5 与袋口车缝
将布条反面与袋口对齐后,在袋口下来1cm处,留1cm缝份车缝一圈,接着将麻绳套入,将麻绳的结一个在左、一个在右配置。

麻球教室
车缝透明防水布时,可在要缝的地方撒上一点痱子粉或面粉,增加摩擦力,缝塑胶布就不会很容易滑动啰。

6 内折车缝
将布条往内折0.5cm,再往上包住麻绳,一起车缝袋口一圈,注意"Have a nice day"的字样要刚好置于中间,所以在缝合时要注意位置,车缝时小心别缝到麻绳了。

7 完成
放进喜欢的礼物或果酱,左右束起麻绳,可爱的礼物袋就完成啰。

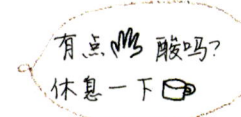

有点酸吗?休息一下

棉被袋

附有版型

完成尺寸：宽50cm×高60cm

✂ 材料

袋身
1. 表布（前）52cm×62cm 1片
2. 表布（后）上片52cm×28cm 1片
3. 表布（后）下片52cm×48cm 1片
4. PVC透明袋14cm×10cm 1件
5. 布条15cm×4cm 2条
6. 大木扣直径4cm 2颗

工具
7. 线
8. 小剪刀
9. 针
10. 丝针

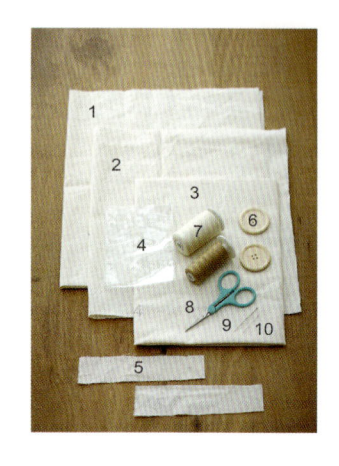

做法 Step by step

1 缝制布条

内折车缝

将布条左右内折各1cm缝份，再对折车缝一直线，车缝好两条布条备用。

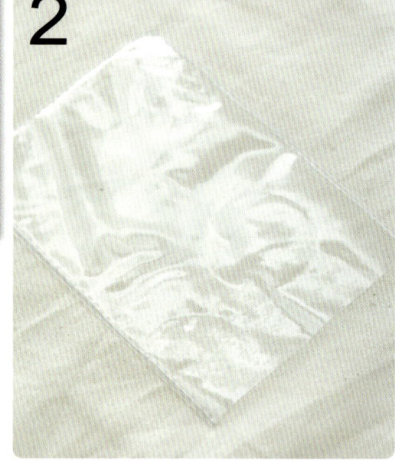

2 缝透明袋

用平针缝

将PVC透明袋用米色线以平针缝或车缝边缘，留0.2cm缝份缝在表布（前）横放的右下方（留一边开口），可放入家人盖棉被的可爱图片。

呼……喝杯茶。

森林女孩创意布包包

114

How To Make

袋身的做法

3 缝上布条
取出表布（后）上片，将反面的一边内折2次后，放进两条布条一起车缝，布条的位置配置在中心点左右各12cm处，形成袋子的两个扣环。

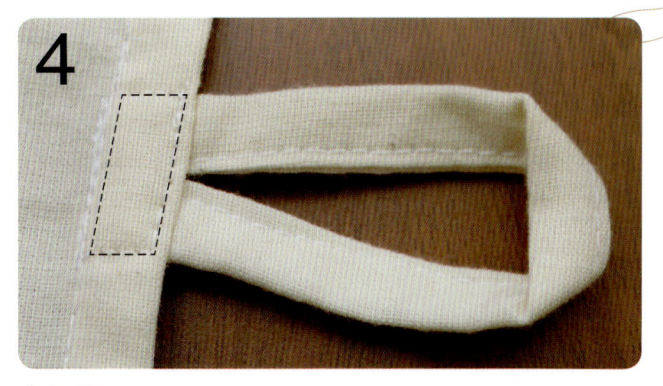

4 车扣环
将布条往外折车缝一个长方框，作为装饰与固定，让扣环露在外面。

5 反折车缝
车缝
将表布后片的另一片也内折3次后车缝一直线。

6 做记号
将表布后片（下）正面与表布前片正面相对于下端对齐后，再将表布后片（上）正面叠在上端，用水消笔点出木扣缝制的位置。

7 缝扣子
先将表布后片的上片和下片扣上木扣，这样等一下要车缝时比较方便喔。

8 一起车缝
表布前片
后上片
后下片

表布（前）片正面与步骤7的袋身，正面相对后一起车缝一圈，四周留1cm的缝份。

9 翻到正面
从开口翻到正面后，实用、好收纳的棉被袋就完成啰。

115

森林女孩创意布包包

西洋梨抱枕袋　附有版型

完成尺寸：宽43cm×高46cm（未含果根）

❋ 材料

袋身
1. 点点表布：48cm×45cm 1片
2. 棕色表布：48cm×45cm 1片
3. 叶子 2片
4. 树根：21cm×4cm 1片
5. 口袋：26cm×20cm 1片
6. 棉花（需可以塞满抱枕的量）

工具
7. 线
8. 小剪刀
9. 棕色布用颜料
10. 针
11. 丝针

做法 Step by Step

叶子和树枝的做法

1 反面车缝

将树枝的布反面对折留0.5cm缝份车缝一圈，留下方为返口；叶子的布正面相对后，留0.5cm缝份车缝一圈，右侧留下3cm作为返口。

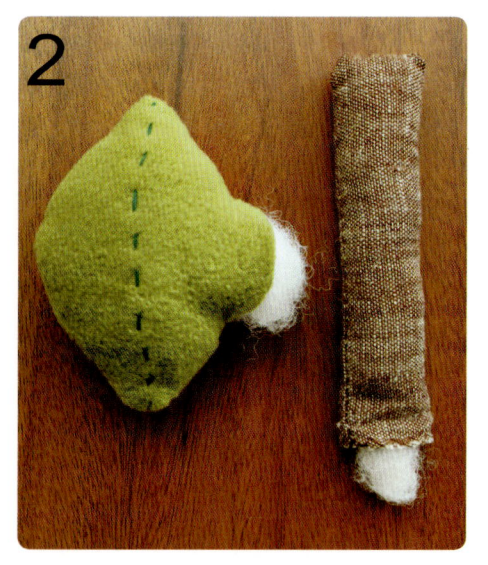

返口3cm

2 塞棉花

将叶子和树枝翻到正面后塞入棉花。叶子可用平针缝加以装饰，然后将叶子的返口密缝。树根尾端要保留一些缝份，所以不要塞太多棉花。

来呀！
开始哦

116

How To Make

口袋的做法

3

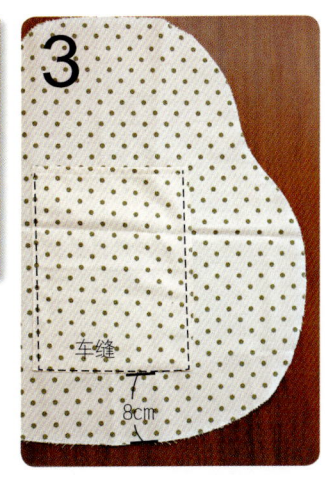

缝上布条
将口袋的袋口内折1cm两次后车缝固定，左右及袋底皆内折1cm缝份车缝在点点表布上，将口袋配置在中间，底部连缝份上来8cm的位置。

车缝
8cm

快完成了

袋身的做法

4

装饰
蘸上颜料在浅棕色表布右下方画上点点装饰，待干后，用熨斗熨烫定色。

5

放叶子和树枝
将树枝、叶子配置在浅棕色表布的正面。

6

放点点表布
点点表布正面朝下，与浅棕色表布整齐放置。

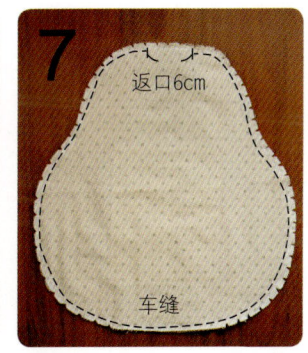

7

返口6cm

车缝

车缝剪牙口
整理放置后，留1cm缝份后一起车缝，并在下端中心点处留12cm返口，缝完后剪牙口一圈。

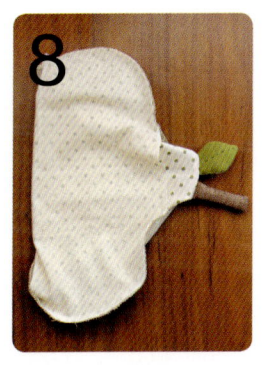

8

拉出
由返口拉出翻到正面。

9

塞棉花
塞入棉花使抱枕饱满，记得不要塞得太紧实，后面的口袋才好放入你的笔记本喔!

10

缝返口
以藏针缝密缝返口。

11

完成
最后在返口的位置以平针缝装饰，将缝线盖住，超可爱的西洋梨抱枕就完成啰。

117

森林女孩创意布包包

悠闲下午茶袋 `附有版型`

完成尺寸：宽38cm×高16.5cm×底15cm（未含提把）

✖ 材料

袋身
1. 卡其色里布：50cm×40cm 1片
2. 白色表布：50cm×40cm 1片
3. 提把：28cm×7.5cm 2片
4. 有胶面的薄衬
5. 茶壶1片
6. 茶壶握把2片
7. 大水滴、小水滴共5片
8. 木扣：1.9cm 1颗
9. 棉花

工具
10. 线
11. 小剪刀
12. 针

做法 Step by Step

水壶的做法

1. 熨烫薄衬
将剪下来的水壶、4片小水滴及1片大水滴分别在反面熨烫上薄衬。可选择有胶面的布作为薄衬，熨烫后可让原本软质的布变得更硬挺，布缘不易脱线。

2. 缝上水滴
用平针缝将4片小水滴缝在水壶的右下侧，每针间隔约0.3cm。

3. 装饰图框
先用水消笔在水滴周围画图框，再用平针缝装饰，每针的间隔0.5cm。

▲ 装饰完成。

4. 配置位置
将白色表布对折后，先用丝针把水壶固定在表布正面，位置在距右侧9cm、袋口下来连缝份3.5cm的地方，大水滴则配置在水壶口边。

5. 车缝握把
将水壶握把正面相对后，留下0.5cm的缝份车缝，两边的侧开口不用车缝。

How To Make

6 塞入棉花
将握把翻到正面后塞入适量的棉花，两侧开口留1cm不塞棉花，要作为缝份。

▲ 塞完棉花的握把看起来立体又饱满。

呼……喝杯茶。

7 固定握把
将提把配置在水壶右上侧，并车缝水壶一圈固定握把，接着用水消笔画上水壶盖的记号。

8 装饰水壶盖
以平针缝装饰水壶盖的线，每一针间隔约0.5cm。

9 缝扣子
在水壶盖端的中央缝上木扣装饰。

10 装饰提把
以平针缝装饰水壶提把。

11 装饰水滴
以平针缝缝合大水滴。

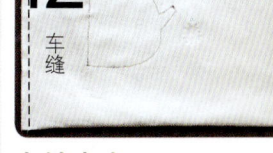

外袋的做法

12 车缝表布
将表布翻到反面，对折留1cm缝份后，车缝左右两侧。

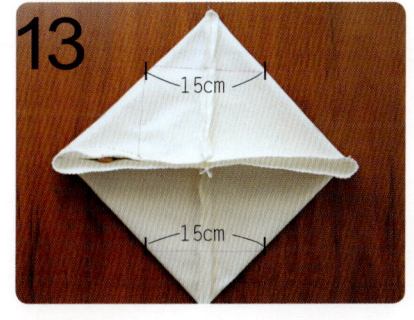

13 折三角形
将袋底两端折三角形后，离袋角15cm处画上记号（请参考P19立体袋型的做法）。

14 车缝记号
在记号处车一直线，留1cm缝份后剪去多余的布，将袋子翻到正面后，袋型就会变立体啰。

119

森林女孩创意布包包

里袋的做法

15 车缝里袋
将内里袋身翻到反面对折后，车缝左右两侧，在袋口下5cm处留10cm的返口。

16 做记号车缝
里袋两端也折三角形，在15cm处做记号，车缝后再剪去多余的布，让袋型立体（做法同步骤13~14）。

提把的做法

17 缝提把
将提把正面朝上，对折后再往内折1cm车缝。

提把与外袋、里袋的缝合

18 用丝针固定提把
先用丝针将提把固定在外袋的前后，位置在袋口中心点的左右4cm处。

19 套上里袋
将外袋整个套入里袋中（正面对正面）。

20 车缝一圈
留1cm缝份后，一起车缝袋口一圈。

21 由返口拉出
由侧面返口将外袋拉出。

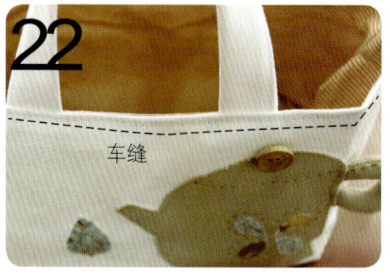

22 加强车缝
将里袋塞入后，在袋口处再车缝一圈加强提把的牢固。

23 密缝返口
最后用藏针缝将返口缝合，茶袋子就完成啰！

How To Make

雪花口金包 附有版型

完成尺寸：宽12cm×高10cm×底7cm(不含提把)

✂ 材料

袋身
1. 表布A 1片
2. 表布B 1片
3. 表布C 1片
4. 表布D 1片
5. 里布a 1片
6. 里布b 1片
7. 里布c 1片
8. 里布d 1片
9. 10cm口金 1个
10. 提把44cm×1.8cm 1条
11. 白色、灰棕色、湖水蓝、蓝色羊毛少量

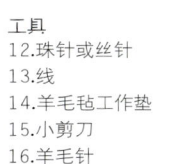

工具
12. 珠针或丝针
13. 线
14. 羊毛毡工作垫
15. 小剪刀
16. 羊毛针
17. 针

做法 Step by Step

1 表袋的做法

装饰
将羊毛搓成数颗大小不一的羊毛球，缝在表布的前片，可结合米字缝法或十字缝法，增添雪花的气息。

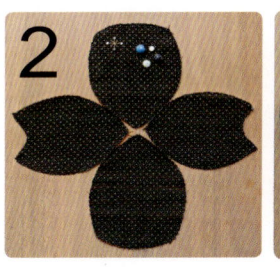

2

四片缝合
将表布袋身四片A~D如图配置，然后留1cm缝份后反面车缝，形成一个袋型。

3 里袋的做法

缝里袋
取里袋的四片a~d，袋型的缝法同步骤2。

4 表袋与里袋的缝合

套入
将表袋（正面）由下往上放进里袋（反面）。

121

森林女孩创意布包包

5 车缝袋口
袋口车缝一圈后,留下5cm返口,先剪一圈牙口后慢慢将袋子翻到正面。

6 缝返口
用藏针缝将返口缝合。

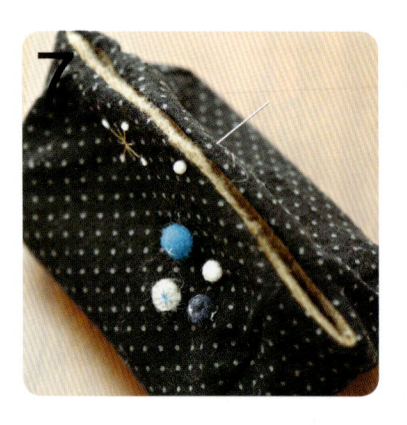

袋子与口金的缝合

7 取中心点
找出袋子的中心点,用丝针固定位置。

8 第一针
由里袋中心点下针穿出表袋的中心点,缝合时用粗一点的手缝线缝合较为牢固。

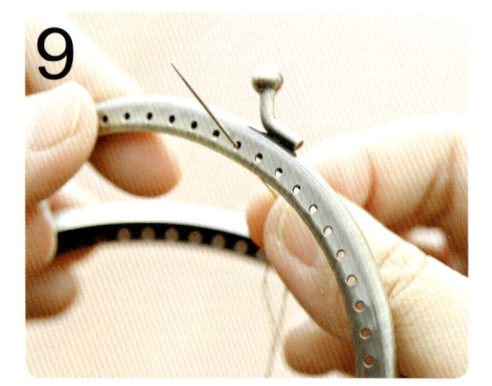

呼……喝杯茶。

9 穿过口金
穿过口金中间的孔洞,即完成第一针。

10 第二针
再穿过下一个孔洞为第二针,持针时稍微斜一点点才能穿过口金。

122

How To Make

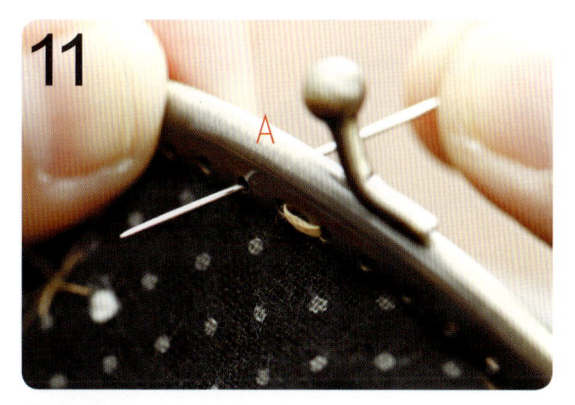

11 将布塞入
由内出针为A点，车缝时边将布塞入口金。

12 往回缝
接着由A点往回缝到B点，如此循环的缝法就可将口金固定。

13 两面皆缝合
同样的缝法，将两面的口金都缝合固定。

▲完成。

提把的缝法

14 车提把
将提把往内折0.5cm缝份后再对折，车缝布条边及上下两端。

15 套入口金
将提把套入口金的吊饰孔拉出2cm的布条后，将布条上提至1cm，并往内折入1cm缝合固定。

16 缝羊毛球
搓好两个小羊毛球，缝在提把上装饰即完成。

123

森林女孩创意布包包

点点账单收纳袋 附有版型

完成尺寸：宽33cm × 高18cm × 底9cm（未含提把）

✿ 材料

袋身
1. 有拉链的布制文件袋：33cm×25cm 1个
2. 里布：35cm×49cm 1片
3. 皮革提把：40cm×2.5cm 2条
4. 扣子4颗

工具
5. 小剪刀
6. 粗手缝针（缝提把）
7. 针
8. 麻绳
9. 线

做法 Step by Step

1 装饰袋子

缝上扣子
在袋子正面缝上扣子作为立体装饰，扣子的颜色可选择和袋子同色系的，或是可互相搭配的颜色。

麻球教室
文件袋在书店、文具店都可购买到。

来呀！开始哦

2 立体袋型的做法

9cm 9cm

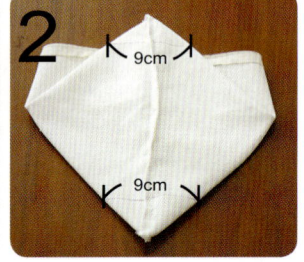

打袋底
将袋子翻到反面后，离上下袋角9cm处，用水消笔画出二条车缝线（请参考P19立体袋型的做法）。

3

▲上下剪好的样子。 　▲将袋子直立后，袋型就会变成立体的啰。

剪掉多余的布
车缝后，留下1cm的缝份，将多余的布剪掉。

124

How To Make

4 车缝布边
里布为棉麻材质，布边容易有虚线，所以先车缝布边以免布边脱线。

5 对折车缝
将里布反面朝外对折，左右留1cm缝份后车缝。

6 做记号车缝
将袋底两端折三角形，上下离袋角两端12cm处，画上车缝记号（做法同步骤2、3）。

7 剪掉多余的布
留下1cm缝份后，将多余的布剪掉。

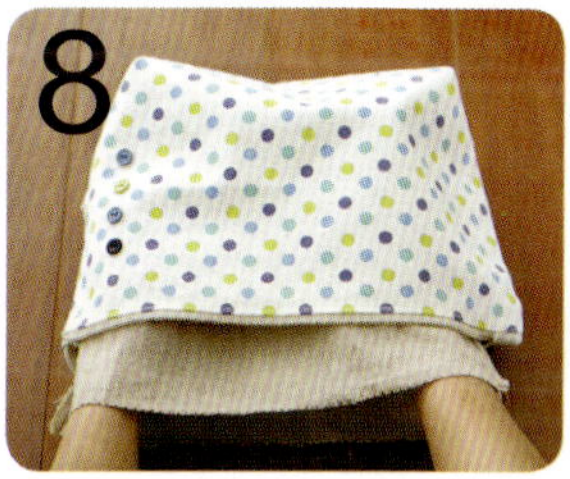

8 套入袋子
里袋不用翻面（车缝面朝外），将里袋直接套入点点袋里。

9 缝合口袋
将里袋内折1cm缝份，用藏针缝与袋子的袋口缝合一圈。

▲完成。

提把的缝法

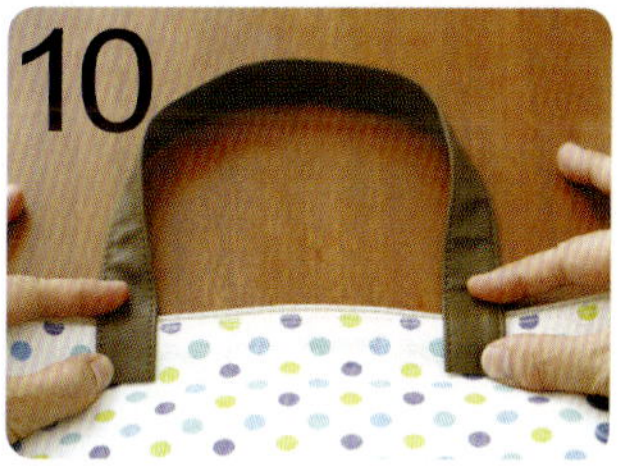

10 量好距离
先找出袋口的中心点，离中心点左右各6cm处就是提把的位置。提把也可以剪下旧皮包的提把再利用喔！

11 缝提把
用粗的手缝针穿上麻绳，由内向外出针，再从1穿到2。因为提把是皮质的有一些厚度，所以使用粗手缝针时需要用一点力气。注意要小心操作不要受伤喔，提把可预先打洞再缝，较好制作。

12 照着号码缝
以1、3、5出针，2、4、6入针的方式，按照1～6的顺序缝，两边的提把都要缝合，在车缝时要一边拉紧麻绳，提把才会固定。

13 打结完成
最后在里布打上一个结，就完成啰。

125

男孩・旅行布包夹 附有版型

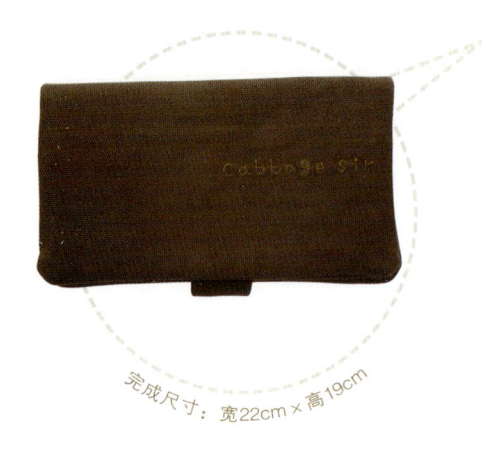

✱ 材料

袋身
1. 咖啡色表布：24cm×21cm 1片
2. 咖啡色里布：24cm×21cm 1片
3. 白色布衬：24cm×21cm 1片
4. 里布口袋（右A）：21cm×11cm 1片
5. 里布口袋（右B）：21cm×10cm 1片
6. 里布口袋（左A）：21cm×10cm 1片
7. 里布口袋（左B）：21cm×9cm 1片
8. 扣带表布：7cm×4cm 1片
9. 扣带里布：7cm×4cm 1片
10. 弹簧纽扣：1.4cm 1组
11. 木扣：1.4cm 1颗

工具
12. 线
13. 针
14. 粉图笔
15. 小剪刀

完成尺寸：宽22cm×高19cm

做法 Step by Step

表布的缝法

1. 写上名字
用粉图笔在表布的正面右下角写上对方的英文名字或昵称。

2. 缝制
沿着笔迹用回针缝绣上名字。

3. 加布衬
在表布的反面熨烫上布衬增加厚度。

加油哦！

4. 缝下扣
在表布正面的左侧取出中心点，在缝份进来2cm处，缝上弹簧扣的下扣（凹的那一面）。

扣带的做法

5. 缝扣带
将扣带的表布里布正面相对，留0.5cm缝份后车缝，需留一边作为返口。车缝后再将左边两端的缝份剪掉，以免翻面时缝份太厚而使扣带凹凸不平。

▲翻面完成

6. 缝下扣
扣带里布取出中心点，在缝份边进来1.5cm处，缝上弹簧扣的下扣（凸的那一面）。

How To Make

7 缝木扣
▲ 穿上木扣。
▲ 扣带完成。 
弹簧扣缝完后,不用收针,直接将针穿到表布,缝上木扣装饰。

8 内折车缝
口袋的做法
左A 右A
左B 右B
将口袋右A、右B、左A、左B袋口内折0.5cm两次后车缝一直线。

9 配置口袋
车缝
左B 左A 右A 右B
将放卡的口袋(左A、左B)配置在里布正面的左边,将放存折护照的口袋(右A、右B)用珠针固定在右边。你也可依喜好、习惯来配置口袋。配置好后将左边口袋平均分三等分,车缝两条直线与里布袋身固定。

10 配置扣带
袋身与扣带的缝合
将表里布正面相对后,将扣带配置在中间点。

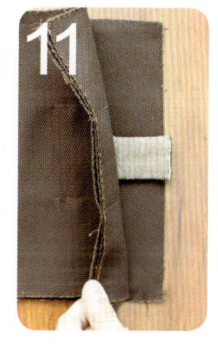

11 用丝针固定
车缝前先用丝针固定好配置的位置,也就是说表里布都是翻到反面一起车缝。

12 车缝后剪牙口
5.5cm
车缝
留1cm缝份后一起车缝,记得上方要留下5.5cm的返口(袋子中间没有口袋的那一段)。因为是使用比较厚的帆布,所以要修剪四边的牙口,翻面后才不会使缝份处过厚而凹凸不平。

13 翻到正面
由返口翻到正面,可用笔来辅助将袋子四边的形状调整一下。

14 完成
最后用藏针缝将返口缝合,熨烫一下使布包平整就完成啰。

127

森林女孩创意布包包

大树钥匙串包 附有版型

完成尺寸：宽6.2m×高5.8cm

✿ 材料

袋身
1. 大树棕色里布7.2cm×6.8cm 2片
2. 大树绿色表布7.2cm×6.8cm 2片
3. 棉花
4. 麻绳20cm 1条
5. 树干布3cm×2.5cm 2片
6. 小圆布直径1cm 1片

工具
7. 线
8. 小剪刀
9. 针
10. 发夹

做法 Step by Step

大树的做法

1 缝数字
将小圆布用平针缝缝在绿色表布上，用回针缝缝数字，可绣上自己喜欢的数字。

2 二片缝合
取一片绿色表布和一片棕色里布正面相对车缝一圈，留0.5cm缝份，在大树中心点下方留2cm返口，另一组也同样车缝。

（车缝　返口2cm）

3 塞棉花
将大树翻到正面，用笔辅助塞入棉花，让大树变得胖胖的。

4 做树根
两片树干也是反面车缝0.5cm后，由开口翻到正面塞入适量棉花，如图做好两片大树及树干。

128

组合大树

5 先缝树干
将树干放入大树（没有数字的）的返口中，用藏针缝将树干及大树密缝。

6 密缝
将另一片大树（有数字的）用藏针缝先将返口缝合，接着两片大树对齐密缝。因为大树有塞棉花，所以手要压紧两片大树，线要缝在绿色的位置，车缝的同时要拉紧线，才能将大树紧紧缝合。

7 留开口
缝到大树上方的中心点时，将两片大树顶端留1cm的开口不缝合。

▲隔1cm后接着继续密缝。

8 装饰
另一面大树用平针缝的缝法来美化装饰。

9 穿钥匙
先将钥匙套上麻绳打结，然后用发夹夹住麻绳。

10 穿过大树
将发夹穿过刚刚预留的开口，然后拉出钥匙就完成啰。

呼……喝杯茶。

餐・袋子

附有版型

完成尺寸：宽38cm × 高18cm × 底12cm（未含提把）

✖ 材料

袋身
1. 表布袋身50cm×40cm 1片
2. 里布袋身50cm×40cm 1片
3. 里布薄衬50cm×40cm 1片
4. 提把28cm×7.5cm 2条
5. 提把薄衬28cm×7.5cm 2条
6. 米色蕾丝5.4cm 3条
7. 木汤匙、木叉子共3根

工具
8. 线
9. 小剪刀
10. 针

做法 Step by Step

表袋的做法

1. 缝袋身

将表布反面对折，留1cm缝份后，车缝左右两边。从袋底量出12cm的三角形后，车缝一直线然后剪去多余的布，做出立体袋型（请参考P19立体袋型的做法）。

2. 缝蕾丝

将三条蕾丝平均配置在表袋正面，车缝时将蕾丝左右各内折0.5cm两次再车缝，使缝份漂亮。

上课喽

How To Make

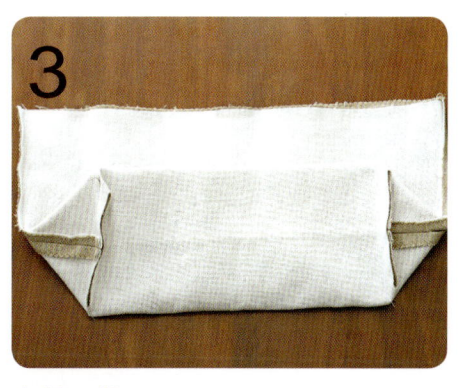

3 里袋的做法

车缝里袋
先将里布熨烫一层薄衬，增加袋身的挺度，若布料够厚则不需再另外烫衬，接着反面对折车缝做出立体袋型（同步骤1）。

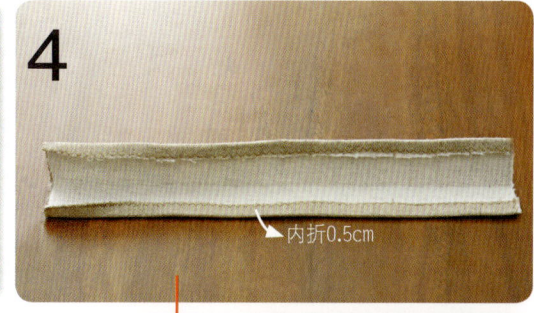

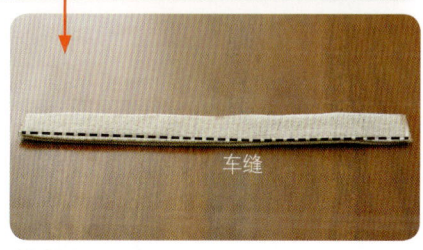

4 提把的做法

内折0.5cm

车缝

缝提把
将薄衬烫在提把的反面后，上下皆内折0.5cm，然后再对折车缝固定，做出两条提把。

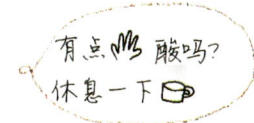

有点酸吗？休息一下

5 提把与袋子的缝合

固定木汤匙
将木汤匙、木叉子放进蕾丝中，检查一下汤匙是否会松动。可以用平针缝将蕾丝左右固定一下，使空隙变小，汤匙放入后就不会滑动掉出了。

6

6cm　6cm

配置提把
将里袋反面放进表袋（反面），接着将提把配置在袋口中心点左右各6cm处。将表袋和里袋的袋口各内折1cm缝份后，一起车缝一圈，可以先用丝针固定，较好车缝。

▲车缝袋口一圈后即完成。

131

森林女孩创意布包包

生活·旅行夹链袋

附有版型

完成尺寸：宽19.8cm × 高24cm

✳ 材料

袋身
1. 表布袋身前片29cm×21.8cm 1片
2. 表布袋身后片29cm×21.8cm 1片
3. 里布袋身前片23.5cm×21.8cm 1片
4. 里布袋身后片23.5cm×21.8cm 1片
5. 布条16cm×4cm 1条
6. 夹链一个，长19.6cm，上下缝份1.8cm
7. 小木扣子1.2cm

工具
8. 珠针
9. 线
10. 水消笔
11. 小剪刀
12. 针

做法 Step by Step

1 里袋与夹链的缝法

袋口内折1cm

与夹链缝合

将里布正面相对，留1cm缝份后车缝左右及袋底；接着将袋口内折1cm缝份后，配置在夹链下端的里面，与夹链车缝一圈固定。

🐻 麻球教室

有些饼干袋或放置蔬果的袋子都是用夹链袋的方式收纳。如果饼干吃完了，这时候袋子可千万不要丢掉喔，留下空的袋子；若袋子毁损可剪下夹链的部分。这些都是做包包的好素材喔。留意生活周围的小地方，你也可以发现手作的惊喜。

2 表袋的做法

缝制图案

用水消笔在表布袋身绘图，并以回针缝缝上图案，下方可用平针缝缝上点点装饰增加杂货感。

132

How To Make

车缝表袋
将表布正面相对，留1cm的缝份后车缝两侧及袋底。

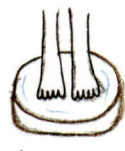

休息一下吧！

表袋与里袋的缝合

配置袋身
将里袋（反面）整齐地放进表袋。

缝袋口
将袋口内折两次1cm的缝份缝合。因为夹链是塑料材质，与布车缝时很容易滑动，所以可先用丝针固定假缝。

▲车缝袋口一圈。

▲在缝合时记得里袋、表袋与夹链之间的间距约0.5cm，这样较好开合。

布条的做法

反面对折
将布条反面对折后，上下两端留0.5cm后车缝。

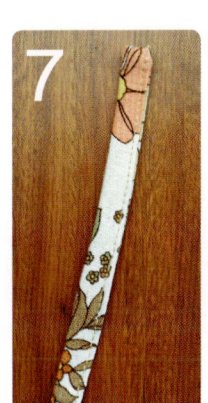

翻到正面车缝
接着将布条翻到正面，将两侧内折0.5cm车缝，布条即完成。

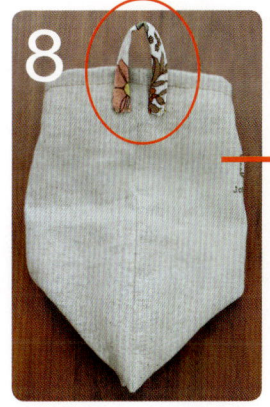

缝布条
将布条配置在袋口的左侧，袋口下3.5cm与中心点间距各1cm后，固定布条的边端。

完成
最后缝上小木扣装饰就完成啰。

133

森林女孩创意布包包

杯碗收纳袋 附有版型

完成尺寸：直径14.4cm × 高20.2cm

✱ 材料

袋身
1. 里布袋身42.4cm×22cm 1片
（尺寸可自行量自家碗的宽度）
2. 表布袋身42.4cm×22cm 1片
3. 里布袋底直径14.4cm 1片
4. 表布袋底直径14.4cm 1片
5. 小布条10cm×4cm 1条
6. 碗口拼布 1片

工具
7. 线
8. 小剪刀
9. 针
10. 水消笔

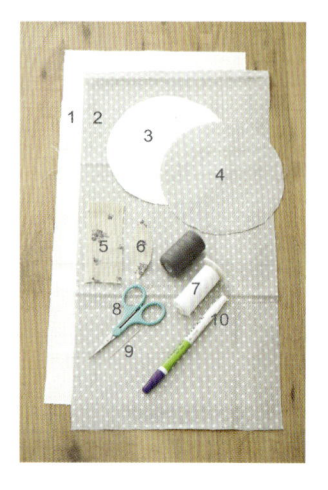

做法 Step by Step

1 碗的缝法

用水消笔画

先用水消笔在表袋的中心处画好碗形图、bowl英文字及小花，接着用平针缝缝碗的轮廓，用回针缝绣上bowl的字及小花，最后再将碗口的拼布缝上。

2 制作表袋及里袋

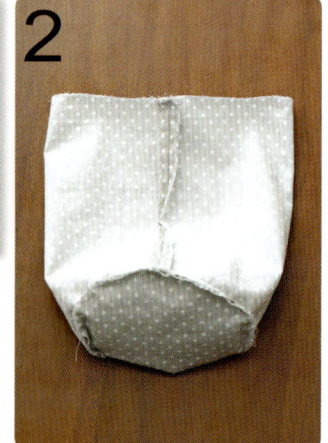

圆形袋身

先将表布袋身反面对折后，留1cm缝份车缝，接着组合上圆形袋底一起缝合，做出圆桶形的袋身。

3

车布条

布条对折后内折0.5cm缝份，车缝布条边线一圈，再夹在表袋袋口1cm缝份处车缝固定。

How To Make

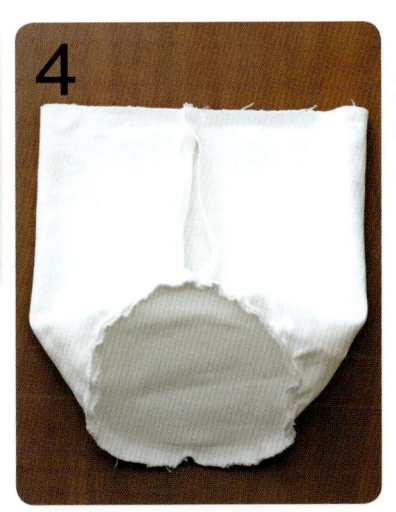

4
留返口
将里袋袋身反面对折后，留1cm缝份车缝，中间留10cm返口。接着配置上圆形袋底一起缝合，做出圆桶形的袋身。

里袋的缝法

5
袋身的缝合

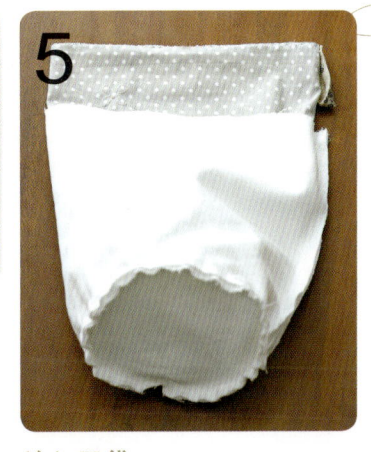

放入里袋
将表袋正面放进里袋（正面）。

6
车缝

车缝袋口
在袋口留1cm缝份后，反面车缝袋口一圈。

7
从返口拉出
从返口慢慢拉出表袋。

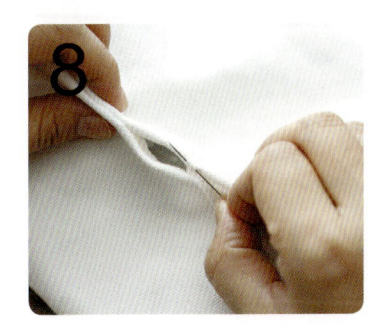

8
缝返口
用藏针缝将返口密缝起来，并熨烫一下使缝份平整。

9
车缝压线
在正面袋口处再车缝一圈，使袋身更牢固。

啊哈哈哈……
完成喽

小化妆包 附有原寸小花图

完成尺寸：直径13cm×高19cm

✖ 材料

袋身
1. 椭圆形隔热手套：18.5cm×13.5cm 1块
2. 拉链18cm 1条
3. 拉链13cm 1条
4. 粉色扣子3颗

工具
5. 线
6. 小剪刀
7. 针

做法 Step by Step

装饰扣子、小花

1 对折
将隔热手套整齐对折，开口朝外作为正面。

2 缝上扣子
将三颗扣子缝在袋身的正面作为装饰。

3 画上小花
用水消笔在正面画上小花的图案。

加油哦！

How To Make

拉链与包的缝合

4
缝上小花
用回针缝法缝上淡粉色的小花。

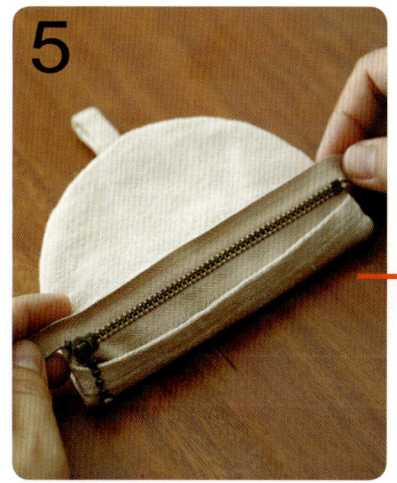

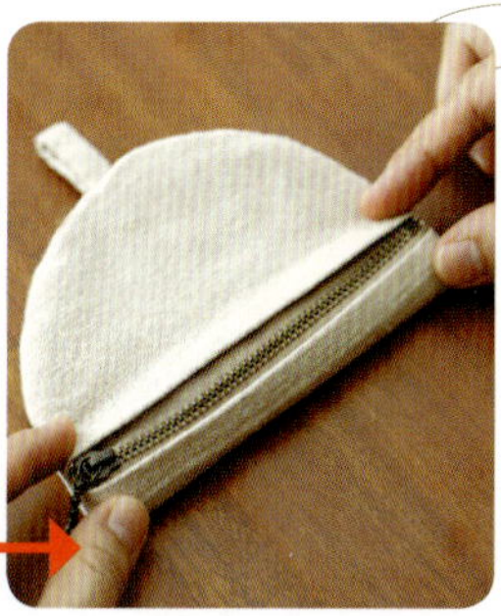

5
对齐位置
袋身背面的开口要缝上13cm的拉链,缝合前先把拉链放到开口处,比对一下位置是否恰当。

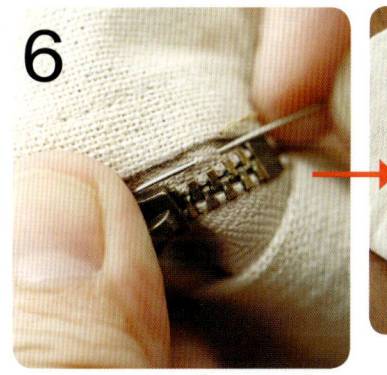

6
缝拉链
用藏针缝法将拉链缝上,车缝时要随时注意拉链上下对称,不要让位置跑掉了。

7
配置拉链
将袋子翻到反面找出中心点,将18cm的拉链用丝针固定在中间。

8
用丝针固定
将拉链打开,用丝针将拉链与里布一起固定,手缝时较不容易滑动。

9
用藏针缝
藏针于里布,用藏针缝从右车缝合拉链与袋口。

10
打结收针
两侧拉链都缝合好后,在内侧打结就完成啰。

完成
将包翻到反面,为了防止拉链的布翘起来,我们以平针缝来固定拉链就完成啰。

137

可可点笔袋

✱ 材料

袋身
1. 四方隔热垫19.3cm×18.3cm1片
2. 拉链12cm1条
3. 毛球直径3cm1粒
4. 不织布1.5cm×3.5cm2片（修饰拉链头尾用）
5. 麻线15cm1条（修饰拉链用）
6. 扣子1颗（修饰拉链用）

工具
7. 线
8. 小剪刀
9. 针

完成尺寸：长19.3cm×高9.15cm

做法 Step by Step

1 装饰

▲对折。

缝上毛球

将隔热垫的小布条朝左平放，对折即为袋子的正面，然后将毛球缝在右侧。小毛球可直接购买现成的或自己搓羊毛球代替。

2 拉链的缝法

缝不织布

将两片不织布分别包住对折的拉链头和尾，然后以平针缝固定。

How To Make

3 用丝针固定
用丝针先将拉链固定在一边袋口，对折后把拉链打开，用丝针固定另一边。

4 从中心点缝
将袋子对折后，从右侧中心点入针。

5 隐藏布条
将拉链的拉链布条塞到袋子里，用藏针缝密缝右侧。

6 翻反面缝
▲翻到反面比较好缝合。
密缝到拉链的止铁片时，将袋子翻到反面。穿入内里用平针缝将拉链与袋身的布一起紧密缝合，由右侧口缝到袋身的左侧口。

7 两边密缝
两边的拉链都用平针缝密缝完成后，拉链的下方也用平针缝装饰，可以美化拉链，也可以防止拉链的布翘起来。

装饰扣子

8 穿麻绳
将麻绳穿入扣子的两个孔洞。

9 穿过洞内
将麻绳穿过拉链头的洞内。

10 绕入
再将麻绳绕入扣子下方。

11 打死结
将绳子拉直后，打上死结，让扣子不会掉出，再剪掉多余的线。

▲完成。

139

森林女孩创意布包包

小苹果置物袋 附有版型

完成尺寸：宽13.5cm×高9cm×底2cm(不含提把)

✂ 材料

袋身
1. 表布袋身22cm×14.5cm 1片
2. 里布袋身22cm×14.5cm 1片
3. 小苹果4.2cm×3.2cm 1个
4. 织带提把10cm×1.2cm 2片

工具
5. 白色线
6. 透明线
7. 深色麻绳
8. 小剪刀
9. 针

做法 Step by Step

1 小苹果的做法

小苹果造型

从塑料瓶上剪下一个苹果的造型，用小剪刀在上下各刺穿一个小洞，然后用深色麻绳从反面穿过打结，小苹果造型即完成。

麻球教室

你可以利用塑料瓶的瓶身或塑料容器来剪出小苹果的形状，不论是红苹果或是绿苹果都非常可爱。你也可以用其他素材例如不织布、羊毛毡，或是用造型串珠来制作。发挥你的创意，做出属于自己的小苹果吧！

2 袋身的做法

车缝　车缝

打袋底

将表布反面对折，车缝左右两侧，留1cm缝份然后把两端袋底折出2cm的三角形。车缝直线后，剪去多余的布使袋型立体，表袋即完成（请参考P19立体袋型的做法）。

How To Make

3

缝里袋
里袋的做法同步骤2表袋的做法。

4

缝苹果
将苹果配置在表袋的右下方,用透明线与苹果麻绳上下缝合固定,可多绕几圈使苹果牢固缝在袋子上。

袋身的缝合

5

放入里袋
将里袋反面放入正面的表袋。

呼……喝杯茶。

6

1.6cm　1.6cm

丝针固定
将提把两端放入表袋与里袋的中间,左右各1.6cm,可先用丝针固定。

完成
将表袋与里袋的袋口各内折1cm缝份后,与提把一起车缝一圈,小苹果置物袋就完成啰。

141

森林女孩创意布包包

可爱兔儿手机袋

附有版型

完成尺寸：宽9cm×高9.8cm×底2.4cm（未含耳朵背带）

✖ 材料

袋身
1. 兔儿袜子1只
2. 里布袋身24cm×11cm1片
3. 薄衬24cm×11cm1片
4. 耳朵（前）：白色2片
5. 耳朵（后）：棕色2片
6. 小脚：白色4片
7. 蕾丝：70cm×1.5cm1条（背带）
8. 棉花

工具
9. 线
10. 小剪刀
11. 针

做法 Step by Step

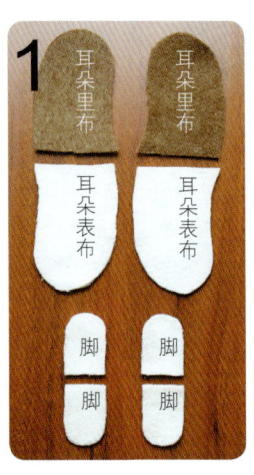

耳朵、脚的做法

1 车缝耳朵、脚

将两只兔子耳朵里布及表布正面相对，留1cm缝份后车缝。两只脚的里布和表布也是正面相对，留0.5cm缝份后车缝。

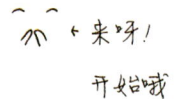

来呀！开始哦

2 修剪牙口

耳朵和脚都缝好后，修剪耳朵的牙口，距离缝份0.2cm处剪开，小心不要剪到车缝线。

每个牙口间隔约1cm，斜斜地剪另一刀，剪出一个三角形。拿掉碎布，牙口就剪好啰。修剪牙口可让耳朵翻到正面时，耳朵弧形变得更完美喔！

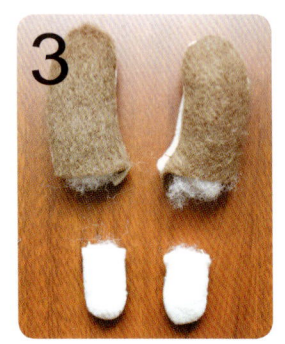

3 塞棉花

将耳朵、脚翻回正面后，塞入适量的棉花，使耳朵和脚又圆又饱满。

外袋的做法

4 裁剪袜子

裁剪袜子的松紧带及袜底，留下12cm长的袜子作为袋身。

142

How To Make

5 车缝袜边
裁剪后，车缝上下的袜边，以免袜子的边缘松开。如果没有缝纫机，也可以利用卷针缝，来防止袜边松开。

里袋的做法

6 熨烫里布
将棕色里布反面放上薄衬熨烫，使两者能贴合。薄衬可选择一面有上胶的布料，烫的时候有胶的那一面朝内面对棕色里布，能让做好的里袋更固定，不会软趴趴的喔。

7 对折后车缝
将里布袋身对折，薄衬朝外，左右两侧各留1cm缝份后车缝。

8 对折做记号
将布往侧边对折，抓出三角形后，离袋角2cm处用水消笔画上记号。（请参考P19立体袋型的做法）

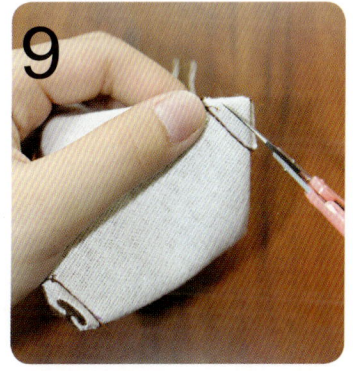

9 车缝后裁剪
照着记号处车缝后，离缝线1cm处剪掉多余的布，里袋完成！（请参考P19立体袋型的做法）

耳朵、脚、背带与袋子的缝合

10 将袋子翻面放入小脚
将兔儿袋子翻到反面，在背面底部放入两只小脚，准备缝合。要注意头、身体和脚的方向，不要放错啰。

11 车缝双脚
小脚放好后，留约1cm的缝份，将脚与袋底一起车缝一直线。注意脚是缝合在袋子的里面，不是外面喔。

12 对折做记号
将袜子往侧边对折，袋底两端折出三角形，离袋角2cm处用水消笔画上记号。

13 车缝后裁剪
沿着记号处车缝一直线，留1cm的缝份后剪掉多余的布，并车缝两端的布边，使袋型立体。

143

森林女孩创意布包包

14 翻到反面
两边布边车缝好了，兔儿袋就会变得立体。翻到正面再稍微整理一下，兔儿外袋完成！

15 假缝耳朵
车缝
找出中心点，将耳朵分配在袋身表布，先假缝固定在表布的内侧，等会儿要和蕾丝背带一起车缝。

16 假缝背带
接着将布条翻到正面，将两侧内折0.5cm车缝，布条即完成。

麻球教室
想增加蕾丝的厚度时，可另外再加缝一块布条在蕾丝上，内折缝份后以平针缝固定，就能拥有漂亮的蕾丝背带了！

17 套入里袋
里布
将做好的表袋（正面）放进里袋（反面）。

18 假缝固定
先由右侧蕾丝背带开始缝制到左侧，这里要注意车缝布边后，袜子的布料较容易撑开，可以先用缩缝的方式让袜子与里布袋口位置一致后再进行假缝。

19 车缝后留返口
依照步骤18假缝的顺序，在离袋口1cm的缝份处，将耳朵、背带和袋口一起车缝固定。记得要在后片留下6cm的返口喔。

20 拉出身体及背带
由返口拉出蕾丝背带、兔儿的脚及身体。

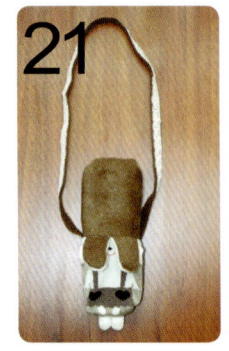

21 拉出里袋
由返口拉出棕色里袋，翻到正面后，兔耳朵也会跟着翻出来啰。

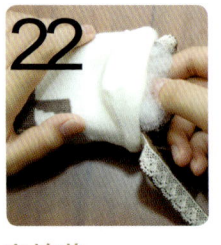

22 塞棉花
将棕色里袋塞入后，翻到背面，从返口处塞入适量的棉花，让兔儿头形膨膨的更立体。

23 完成
最后将袜子和里布都往内折1cm后，用藏针缝缝合开口处，可爱的兔儿手机袋就完成啰！

144

How To Make

卡哇依手环小包 附有版型

完成尺寸：宽15cm×高10cm（未含提把）

✽ 材料

袋身
1. 里布a：17cm×12cm 1块
2. 里布b：17cm×12cm 1块
3. 表布A：17cm×15cm 1块
4. 表布B：17cm×15cm 1块
5. 塑料手环两个
（以自己的手能套进去为准喔）

工具
6. 布尺
7. 白色颜料
8. 钳子
9. 剪刀
10. 极细水彩笔
11. 手缝针
12. 线

材料
13. 吸铁扣1.4cm 1组
14. 灰色小扣子1颗

做法 Step by Step

车缝布边

1 里布a　里布b　表布A　表布B

表布和里布车缝
依版型剪好布后，将表布A与里布a正面相对，于反面1cm缝份处车缝，表布B与里布b正面相对，于反面1cm缝份处车缝。

2 车缝

车缝左右两边
以表布与里布中心点为准，表布反面的缝份内折1cm后，车缝6cm。再以里布中心点为准，反面的缝份内折1cm车缝至2cm处，左右两侧都要车缝。

把手的做法

3

套入手环
将手环由表布正面套入。

4 车缝

先假缝固定
表布与里布中心点留表布对折2cm处，先使用针线假缝会比较好制作；也可使用可弯软式的珠针来固定，再用缝纫机车缝也很方便。

5

车缝将把手固定
两个手环都分别套入A、B表布，袋口假缝后再车缝袋口。

145

森林女孩创意布包包

6 用水彩笔画上小花
在表布A正面适当的位置用水彩笔蘸绘布用的白色颜料，画上一朵可爱的小花，要多重复涂几次颜色才能均匀喔。

麻球教室
如果颜料过浓可加一点点水，但不要加太多，以免颜料太稀而让小花晕开。

7 缝上灰色扣子
待颜料干后，上面盖一层布，稍微熨烫将花朵的颜料定色，接着用灰色绣线缝上灰色扣子作为装饰。

装入吸铁扣

8 剪两个小缝
在袋子的里布a袋口的中心处，剪2个小缝后，装入吸铁扣（凹的那一面）。

里布a

9 放入铁片
翻到反面，将铁片套入。

10 两边向中间压平
用尖嘴钳将两边的铁片向中间下压，使其固定。

11 另一边放子扣
在里布b袋口的中心剪2个小缝装入吸铁扣（凸的那一面）。

里布b

12 两边向中间压平
翻到反面，放入铁片后，用尖嘴钳将两边的铁片向中间下压，使其固定。

袋型弧度的做法

13 将两片表布车缝
翻到反面将两片表布A、B底部车缝。

车缝

14 用平针缝再缝一次袋底
表布的袋底车缝好后，再用平针缝缝一次袋底。轻轻拉线使袋底束起，缩短至7cm后打死结固定，让整个袋型有一点圆圆的弧度。

146

How To Make

15 将两片里布车缝
将两片里布a、b底部车缝。

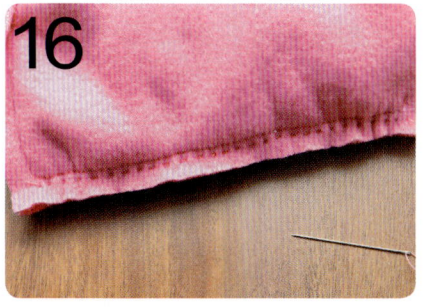

16 用平针缝缝袋底
反面将两片里布a、b袋底车缝,并选一侧留返口,这样翻到正面时会比较好翻。

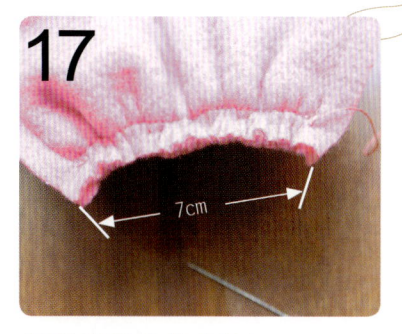

17 轻轻拉线使袋底缩短
轻轻拉线使袋底束起缩短至7cm后打死结固定,若要加强可用回针缝或是车缝让袋型固定。

袋身翻面缝合

18 翻到正面
由侧面返口翻回正面。

19 缝合返口
用藏针缝法缝合返口的位置。

20 表里布接缝
将两侧的四个收口,用藏针缝将表里布接合固定。

21 打结固定
两侧的收口都缝合完成后,打上死结固定,剪掉多余的线头就完成啰。

麻球教室

你也可以这样画!
运用颜料的质感,用水彩笔画出可爱的图样。虽然只是简单的图案,却能为袋子加分,你也可以发挥创意试试看喔。

147

森林女孩创意布包包

格子蓝野餐袋 附有版型

完成尺寸：宽42cm×高26cm×底11cm（未含提把）

✿ 材料

袋身
1. 表布袋身70cm×44cm 1片
2. 里布袋身56cm×44cm 1片
3. 表布提把42cm×4cm 2条（牛仔布）
4. 里布提把42cm×4cm 2条（围裙的腰带条）
5. 小布标4cm×6cm 1片

工具
6. 线
7. 水彩笔
8. 小剪刀
9. 针
10. 蓝色布用颜料

做法 Step by Step

1 表袋的做法

缝口袋

此处利用短腰围裙来制作表袋。先将短腰围裙的绑带拆开，无须拆开原车缝的线，在口袋的袋口处用平针缝装饰，头尾的线头可故意露出来，增添杂货感。

2

缝袋身

将表布反面对折后，留1cm缝车车缝左右两侧。从袋角11cm处折出三角形车缝一直线后，剪去多余的布，翻到正面后就变成立体的袋型了（请参考P19立体袋型的做法）。

How To Make

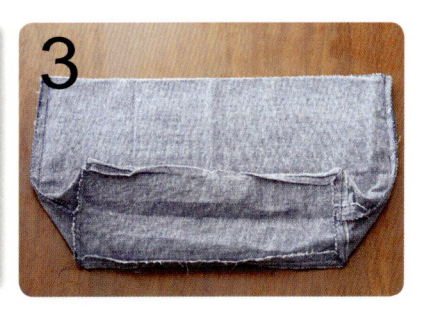

3 里袋的做法

打袋底

将里布反面对折后,车缝左右两侧做出立体袋型,不用留下返口(同步骤2)。

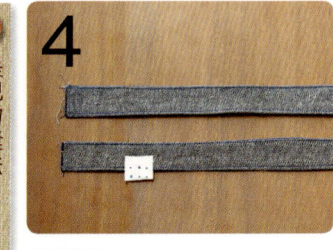

4 提把的缝法

缝提把

将表布及里布的提把往内折1cm缝份,对齐后车缝两边,形成两条提把,将小布标用平针缝缝在提把上装饰。

5

点缀布标

用水彩笔在小布标上绘上点点图案。

6 袋身与提把的缝合

配置提把

先用丝针将提把固定在表袋中心点左右各7cm处,接着将里袋反面放入表袋(正面)。

7

内折车缝

将提把往内折1cm塞到表袋的袋口,再一起往下折车缝袋口一圈。

8

车缝造型

在提把上车缝正方形的造型,能固定提把又有装饰功能喔。

9

缝上布条

在另一边提把上缝上布条。布条可以套上钥匙或手机,可以防止被偷窃,也很方便拿取喔!

▲ 布条可以利用腰带条来制作。

149

松鼠包 附有版型

完成尺寸：宽32cm×高45cm×底15cm(未含提把)

✖ 材料

袋身
1. 表布袋身23.5cm×30cm2片
2. 里布袋身47cm×60cm1片
3. 皮革提把55cm×2.6cm2条
4. 小松鼠、鼻子、尾巴各1片

工具
5. 麻绳
6. 线
7. 小剪刀
8. 粗针
9. 手缝针

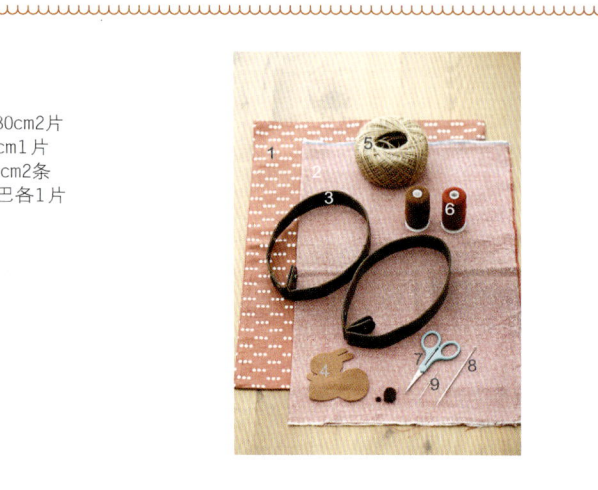

做法 Step by Step

表袋的做法

1. 装饰松鼠

用回针缝将松鼠缝在袋身的右下方并缝上鼻子、尾巴，用平针缝缝上栗子及装饰松鼠边缘，用结粒绣装饰松鼠的耳朵。

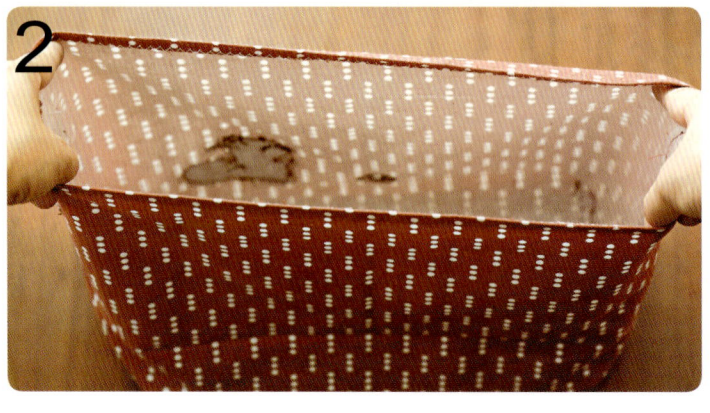

2. 缝表袋

将餐垫长的那边拆开，将两片车缝在一起，在两端袋底15cm处折出三角形。车缝一直线后，剪掉多余的布，做出立体袋型。

麻球教室

此处利用双面餐垫改做的包包的表袋。也可以用单面两片布料来制作袋身。

3 里袋的做法

缝里袋

将里布反面对折，留1cm缝份后车缝左右两侧，在右侧留下10cm返口。离袋角15cm处折三角形车缝后，剪去多余的布，里袋就会变得立体啰。

4 碎布的运用

做布标

剪下来的碎布，不要急着丢掉喔！只要在上面缝上英文字，缝在包包侧边，就变成了可爱的布标了。你也可以用平针缝装饰缝份，更有纯手感的风味喔。

5 做吊饰

袋身剪下来的碎布，加以车缝后塞入棉花，画上眼睛及嘴巴，就是一个可爱的吊饰了。

6 表袋与里袋的缝合

放入表袋

将表袋正面放进里袋（反面）。因为表袋的长度比里袋长，所以将表袋的袋口内折4cm缝份后再内折1cm覆盖在里袋上，然后一起车缝袋口一圈。

7 拉出

从返口轻轻拉出表袋。

8 整理袋型

整理袋角，让表袋和里袋的角能恰到好处地对齐。

9 提把的缝法

缝提把

将提把配置在袋子中心点左右各7cm处，用粗针穿过麻绳，从里袋出针，用平针缝依1～6的顺序将提把固定在袋子上，最后在里袋收针。使用粗针时小心不要受伤了。

10 装饰

最后绕上吊饰，超有手感的松鼠包就完成啰。

小熊画袋

附有版型

✖ 材料

袋身
1. 棕色表布前片：35cm×27cm 1片
2. 棕色表布后片：35cm×27cm 1片
3. 花花里布前片：35cm×27cm 1片
4. 花花里布后片：35cm×27cm 1片
5. 棕色前片口袋：35cm×20cm 1片
6. 花花里前片口袋：35cm×20cm 1片
7. 棕色表布袋底：42.5cm×10cm 2片
8. 花花里布袋底：42.5cm×10cm 2片
9. 皮革提把：32.5cm×2.5cm 2条
10. 小熊图1张

工具
11. 小剪刀
12. 针
13. 丝针或珠针
14. 针插
15. 线

完成尺寸：宽33cm×高25cm×底8cm（未含提把）

做法 Step by Step

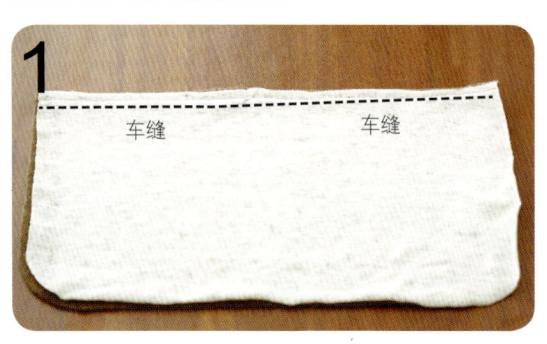

口袋的做法

1 车缝口袋
将口袋的里布和表布的正面皆朝下重叠，于反面车缝袋口，留1cm的缝份后车缝一直线。

2 取中间点车缝
将口袋布翻到正面，配置在棕色表布袋身的前片，接着找出中心点车缝一直线，就成了两个口袋。

外袋的做法

3 车缝袋底表布
将两片袋底表布正面相对后，左端留1cm缝份车缝。

4 加强固定
将袋底摊平，在刚刚车缝线的左右再各车缝一次，加强袋底的牢固度。

How To Make

5

车缝　　车缝

固定袋底和袋身
将袋底和步骤2的表布对齐后，用丝针暂时固定，等一下要准备车缝啰。

6

车缝袋身
车缝刚刚固定的袋底与表布，一边车缝，一边将丝针拿下。要注意每个丝针都要拿下，以免不小心被刺到啰。

7

▲ 将袋子翻到正面，外袋就做好啰。

车缝另一片袋身
将棕色袋身的后片反面朝上，对齐放好后，也先用丝针固定，然后再车缝一圈。

里袋的做法

8

车缝

里袋车缝
将花花里袋前片和花花里布袋底对齐后，留1cm的缝份后车缝。同样也是先用丝针固定，比较不容易车歪。

9

缝后片
接着将花花里袋的后片也缝上去。

里袋的做法

10

套入里袋
将棕色外袋套入花花里袋，正面对正面，将里外袋的袋口对齐。

加油哦！

153

森林女孩创意布包包

11 车缝袋口
对齐后一起车缝袋口,然后在左侧留下12cm的返口。

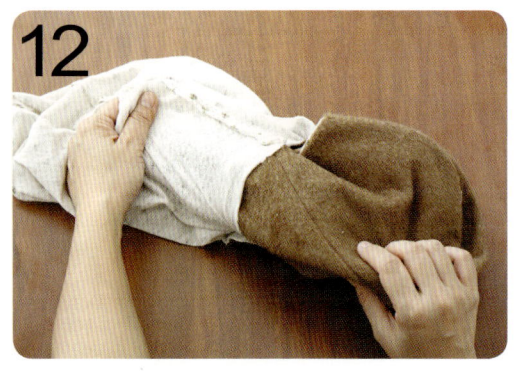

12 从返口拉出
从返口伸入袋内,由对角处拉出棕色外袋,整理袋型。

13 塞入里袋
将花花里袋塞入棕色外袋。

14 缝袋口
用平针缝法将袋口再缝一圈,不但能加强固定又能美化袋子喔。

提把的做法

15 找中心点
将提把配置在袋口中心点的左右各6cm处,可先用纸胶带粘贴固定位置。

16 缝合提把
将粗针穿好麻绳,由反面入针缝出"1"点,照顺序由1缝到6。使用粗针时要用一点力,每缝一针都要拉紧麻绳,提把才会牢固,还要小心以免受伤喔。

装饰

17 在图案上戳洞
从L夹上剪下你喜欢的图案,放在针插上。用手缝针将其整圈戳洞,每个洞间隔约0.5cm。用平针缝将小熊缝上装饰,可爱的小画袋就完成啰。

啊哈哈哈……
完成咩

154

纸型的小标识须知

→ 数字部分单位皆为"厘米"
→ 包包周围的缝份

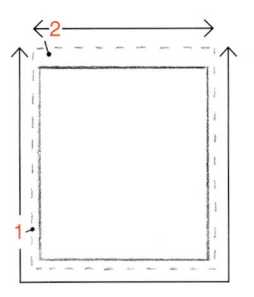

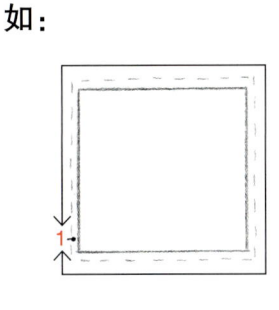

如：　　　　　　　如：

- ┄┄┄ → 裁切线
- ─── → 车缝线
- ↑ → 袋身正面、袋口的方向
- ↔ → 两边的方向，如：提把、袋底、布条
- ↔ → 长、宽的尺寸

上课喽

▼P.148 格子蓝野餐袋

布标
0.5　4
6

提把×4
1　4
42

表布×1　70
1
44

里布×1　56
1
44

▼P.140 小苹果置物袋

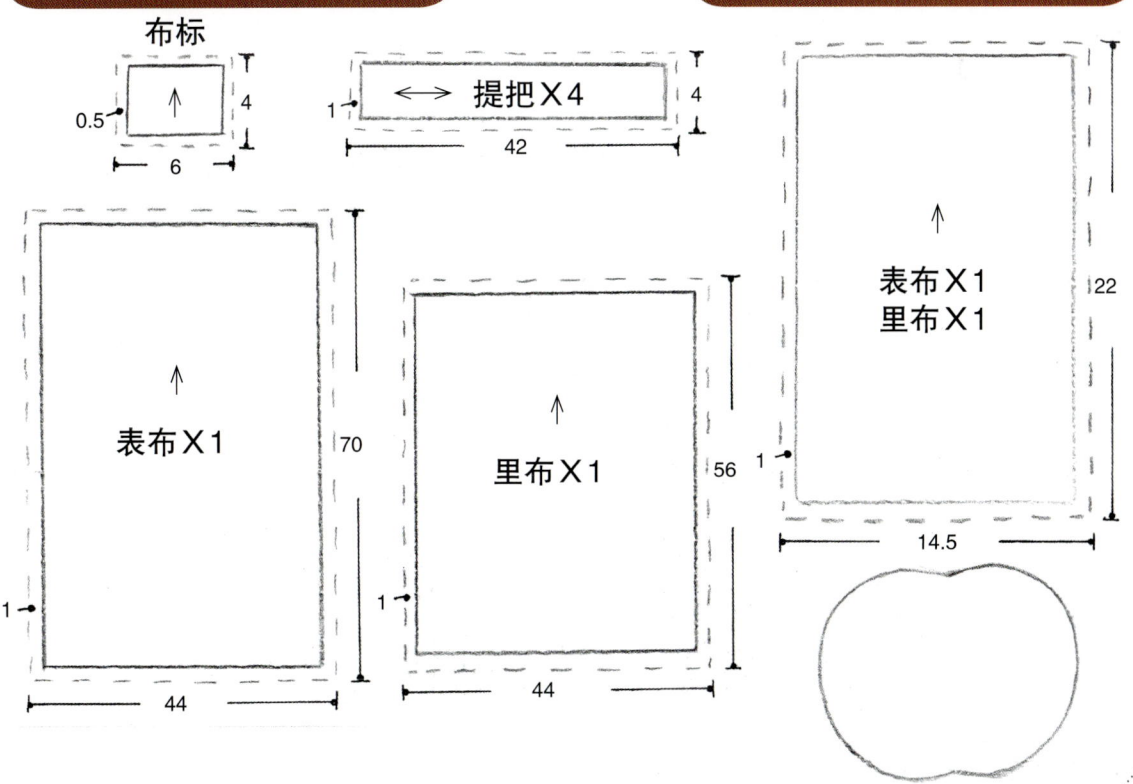

表布×1
里布×1
22
1
14.5

155

▼P.142 可爱兔儿手机袋

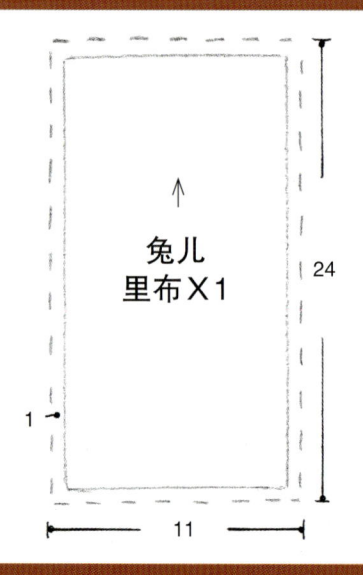

兔儿
里布×1
24
11
1

▼P.136 小化妆包小花图

▼P.145 卡哇依手环小包

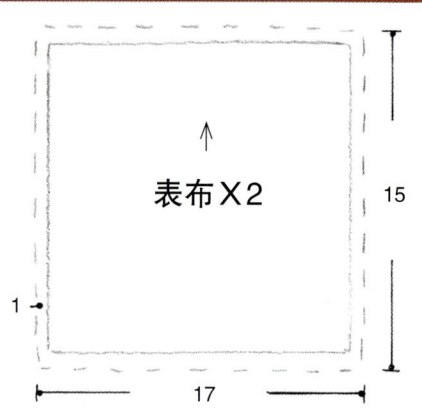

表布×2
15
17
1

里布×2
12
17
1

▼P.142 100%兔耳&小脚版型

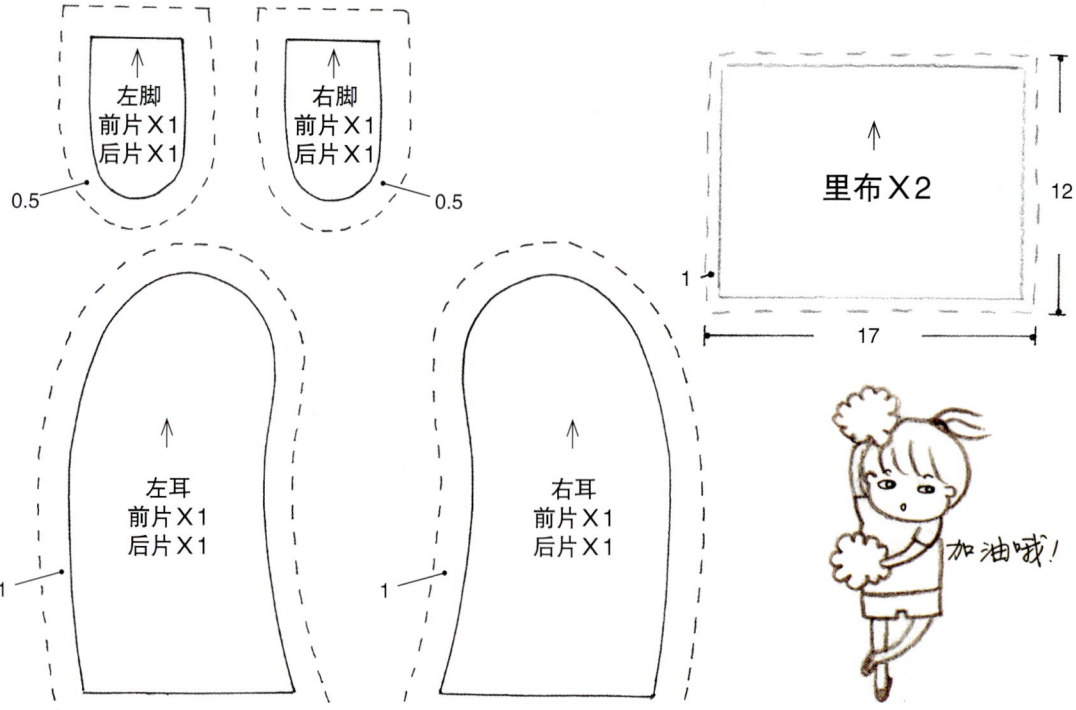

左脚
前片×1
后片×1

右脚
前片×1
后片×1

0.5　　0.5

左耳
前片×1
后片×1

右耳
前片×1
后片×1

1　　1

加油哦!

书中作品所用到的手工材料，可以在各地的布料市场买到。也可以选择在淘宝网（www.taobao.com）购买，直接搜索您需要的手工材料名称即可。

欢迎广大手工爱好者加入爱手工·爱生活QQ群，热心的朋友们会为您答疑解惑。我们期待您来展示您的作品，分享手工带来的快乐……

爱手工·爱生活QQ群号：51262255

不要只是纯欣赏，一起动动手，亲手缝制属于自己的温暖布包吧！

图书在版编目（CIP）数据

森林女孩创意布包包 / 麻球著. — 重庆：重庆出版社, 2011.3

（爱上手工生活）

ISBN 978-7-229-02879-4

Ⅰ.①森… Ⅱ.①麻… Ⅲ.①布料 – 手工艺品 – 制作 Ⅳ.①TS973.5

中国版本图书馆CIP数据核字(2010)第158934号

本书通过四川一览文化传播广告有限公司代理，经柠檬树国际书版有限公司授权重庆出版集团·重庆出版社独家出版发行中文简体字版。未经出版者许可，本书的任何部分不得以任何方式抄袭、节录或翻印。

版权所有　侵权必究

版贸核渝字（2011）第08号

森林女孩创意布包包
SENLIN NVHAI CHUANGYI BUBAOBAO

麻　球　著

出 版 人：罗小卫
责任编辑：杨秀英　李　子
责任校对：廖应碧
封面设计：北京水长流文化发展有限公司

重庆出版集团
重庆出版社 出版

重庆长江二路 205 号　邮政编码：400016　http://www.cqph.com
重庆长虹印务有限公司印刷
重庆出版集团图书发行有限公司发行
E-MAIL:fxchu@cqph.com　邮购电话：023-68809452
全国新华书店经销

开本：787 mm ×1 092 mm 1/16　印张：10　插页：1　字数：100 千
2011 年 3 月第 1 版　2011 年 3 月第 1 版第 1 次印刷
ISBN 978-7-229-02879-4
定价：32.00 元（附赠光盘 1 张）

如有印装质量问题，请向本集团图书发行有限公司调换：023-68706683

版权所有　侵权必究

重庆出版集团
精品手工书
爱上手工生活系列

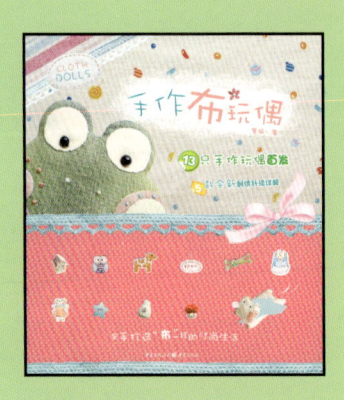

重庆出版集团
精品手工书